Roland Arndt

Jedes Telefonat ein Erfolg

Die wichtigsten Fragen und Antworten für ergebnis- und erlebnis-orientiertes Telefonieren

Reihe

Soft Skills kompakt

Herausgegeben von Stéphane Etrillard

Band 14

Band 1 – Stéphane Etrillard: *Erfolgreiche Rhetorik für gute Gespräche*
Band 2 – Sabine Mühlisch: *Fragen der KörperSprache*
Band 3 – Reinhold Vogt: *Gedächtnis-Training in Frage & Antwort*
Band 4 – René Borbonus: *Die Kunst der Präsentation*
Band 5 – Ute Simon-Adorf: *Was Sie schon immer über Coaching wissen wollten ...*
Band 6 – Arno Fischbacher: *Geheimer Verführer Stimme*
Band 7 – Ute Simon-Adorf: *Mentaltraining in Frage & Antwort*
Band 8 – Stephan Ulrich: *Menschen grafisch visualisieren*
Band 9 – Jürgen W. Goldfuß: *Wer sich nicht führt, der wird verführt*
Band 10 – Doris Kirch: *Der Stress-Coach*
Band 11 – Stéphane Etrillard: *CHARISMA – Einfach besser ankommen*
Band 12 – Birgit Lutzer – *Bringen Sie es auf den Punkt!*
Band 13 – Ursu Mahler – *Der Konflikt-Coach*

Roland Arndt

Jedes Telefonat ein Erfolg

Die wichtigsten Fragen und Antworten für ergebnis- und erlebnis-orientiertes Telefonieren

Junfermann Verlag • Paderborn
2011

Covergestaltung/Reihenentwurf: Christian Tschepp

Satz: JUNFERMANN Druck & Service, Paderborn

Bibliografische Information der Deutschen Bibliothek
Die Deutsche Bibliothek verzeichnet diese Publikation in der Deutschen Nationalbibliografie; detaillierte bibliografische Daten sind im Internet über http://dnb.ddb.de abrufbar.

ISBN 978-3-87387-796-2

Inhalt

Vorwort

Auf der Bühne der geschäftlichen Erfolge spielt das Telefon eindeutig die Hauptrolle. Es ist das Kontaktinstrument Nummer eins und mischt zusätzlich in fast allen Lebensbereichen mit. Und warum? Weil Sie heutzutage überall, wo Sie sind, Ihr Telefon zur Verfügung haben und auf dem schnellsten Weg Kontakte aufnehmen und pflegen können.

Über das Telefon transportieren Sie einen ganz wesentlichen Teil Ihrer Persönlichkeit: Ihre Stimme. Ein ängstlicher und unsicherer Mensch spricht mit einer dementsprechenden Stimme. Eine motivierte und selbstbewusste Person klingt anders, nämlich gemäß seiner individuellen inneren Haltung. Nikolaus B. Enkelmann, Europas Trainer Nummer eins, sagt: „Wer an seiner Stimme arbeitet, arbeitet am Kern seiner Persönlichkeit."

Immer wieder ist zu lesen, dass viele Menschen zu 100 % auf das Internet setzen und dass sich darüber die Erfolge quasi wie von selbst steuern ließen. Dieser Erfolgsautomatismus ist aber nicht eingetreten und wird auch niemals in dieser Konsequenz passieren. Eine reine E-Mail-Korrespondenz beispielsweise reicht oftmals nicht aus, weil sie weniger Emotionen zulässt als ein Telefongespräch. Doch wenn wir geschäftlichen Erfolg haben wollen, müssen wir zum Beziehungsmanager werden und Schritt für Schritt kontinuierlich Vertrauen aufbauen. Alle unsere Kunden sind in erster Linie Menschen – und diese menschliche Seite gilt es anzusprechen. Mit keinem Kommunikationsmittel können wir das schneller, effektiver, erfolgreicher und nachhaltiger tun als mit dem Telefon.

In diesem Buch geht es um Ihre Möglichkeiten, noch mehr Erfolg und Lebensfreude beim Telefonieren zu erzielen. In meinen weit über tausend Seminaren wurden mir immer wieder individuelle Fragen von den Teilnehmern gestellt. Und diese Fragen und Antworten finden Sie hier, in Form eines Buffets, für Sie „angerichtet und eröffnet". Sollten Sie weitere Fragen haben, schicken Sie mir bitte eine Mail. Ich werde sie auf meiner Website in einer speziellen Rubrik gern beantworten.

Ihr *Roland Arndt*
www.roland-arndt.de
erfolg@roland-arndt.de

Einleitung

Neue Zeiten – neue Fragen – neue Telefonate?

Was macht die neuen Zeiten aus? Was hat sich beim Thema Telefonieren stark verändert? Früher war beim Wählprozess meist auch der Taschenrechner im Kopf eingeschaltet. Telefonate, besonders ins Ausland oder auch Ferngespräche im Inland, waren recht teuer. Das Telefon war das schnellste – aber auch ein recht kostspieliges Kommunikationsmittel. Man telefonierte möglichst wenig und fasste sich dabei tunlichst kurz. In vielen Unternehmen war es gar nicht möglich, nach draußen zu telefonieren; man brauchte eine Erlaubnis dafür. Private Telefonate waren ebenfalls untersagt.

Auch die äußeren Bedingungen haben sich sehr verändert: mehr Anbieter, Tarif-Dschungel, ständig neue Geräte, viele private und berufliche Nutzungsmöglichkeiten – allerdings auch verbunden mit immer größeren Unübersichtlichkeiten. Die beabsichtigte ständige Erreichbarkeit hat sich für viele vom Traum zum Albtraum entwickelt. Kommunikationsgeräte werden immer mehr zu „Allround-Künstlern". Viele Handys haben eine hochauflösende Kamera, mit der man nicht nur Fotos, sondern auch Videos aufnehmen kann. Die Produkte wachsen immer mehr zusammen. Mit einem iPhone kann man nicht nur telefonieren, sondern Musik hören, Filme ansehen, Spiele spielen und im Internet surfen. Alle Altersgruppen kommen also auf ihre Kosten. Und zwischendurch wird auch miteinander gesprochen.

Und trotz aller Innovation: Es gibt wichtige Dinge, die immer aktuell bleiben und unsere Kommunikation erfolgreich vergolden. Nur in persönlichen Gesprächen und am Telefon kann echtes Zuhören eingesetzt werden, können sich Gesprächspartner mit Empathie begegnen. Das heißt, wir telefonieren mit der Fähigkeit und Bereitschaft, uns in andere Menschen einzufühlen. Dadurch setzen wir unsere Kommunikation auf ein höheres Niveau, stellen echte Kontakte her und bringen mehr Wertschätzung ein.

Bei Angst vorm Telefonieren hilft Ihnen die bessere Technik auch nicht weiter. Deshalb lohnt es sich, an seiner „Telefonkompetenz" zu arbeiten, ganz gleich, welche Ziele Sie mit Ihren Telefonaten verfolgen. In diesem Buch finden Sie viele der immer wieder gestellten Fragen zum Thema Tele-Kommunikation. Mit den Antworten können Sie noch heute damit beginnen, das „Abenteuer" des Telefonierens für sich ganz neu zu entdecken und das Telefon einfacher *und* erfolgreicher einzusetzen.

I. Welche Rolle spielt das Telefon in unserem Leben?

Das Telefon ist aus unserer Welt nicht mehr wegzudenken. Jeder Mensch hat per Festnetz, Handy oder Telefonzelle die Chance, Kontakt zu anderen Personen aufzunehmen und mit ihnen zu sprechen. Wir alle können auf modernste Telefontechniken zurückgreifen, die wir uns vor 30 Jahren nur ganz entfernt vorstellen konnten.

Für viele Personenkreise ist es besonders wichtig, ständig erreichbar zu sein. Auch dafür gibt es heute jede Form von Möglichkeiten, speziell in der Kombination von Mobiltelefon und E-Mail.

Dazu ein paar Zahlen aus dem Internet: 2009 gab es knapp 39 Millionen Festnetzanschlüsse in Deutschland. Man geht in unserem Land sogar von rund 100 Millionen Mobiltelefonen aus. Durchschnittlich verbringen wir 1,45 Jahre unserer Lebenszeit mit Telefonieren – und davon hängen wir 140 Tage (45 Stunden jährlich) in Warteschleifen. Das Telefon bestimmt also zum großen Teil unseren Tagesablauf – und das hoffentlich auf möglichst bereichernde Weise ...

1. Aus welchen Gründen telefonieren wir überhaupt?

Das Telefon ist fester Bestandteil unseres täglichen Lebens. Wir wollen bestimmte Menschen für unsere Ideen, Projekte, Termine und konkrete Entscheidungen gewinnen – also rufen wir sie an. Wir wollen unser berufliches oder privates Leben besser organisieren – und nutzen dafür das Telefon. Auf welch vielfältige Weise wir das Telefon nutzen, ist uns manchmal gar nicht mehr bewusst, so selbstverständlich tun wir es. Von daher bereitet es manchen von uns vielleicht sogar Schwierigkeiten, auf eine relativ einfache Frage wie die obige spontan zu antworten. Im Folgenden finden Sie eine Auflistung – ohne Anspruch auf Vollständigkeit –, die Sie für sich selbst jederzeit ergänzen können. Wir telefonieren,

- um Verabredungen zu treffen,
- um zu erfahren, wie es jemandem geht,

- um uns nicht so allein zu fühlen,
- um Leute einzuladen,
- um Informationen zu erhalten,
- um bestimmte Inhalte weiterzugeben,
- um uns zu bewerben,
- um etwas klarzustellen,
- um Konflikte zu lösen,
- um etwas zu bestellen,
- um neue Kontakte zu knüpfen,
- um bestehende Beziehungen zu pflegen
- ...

2. Ob am Telefon oder von Angesicht zu Angesicht: Es ist doch alles Kommunikation. Warum beschäftigt man sich speziell mit dem Thema Telefonieren?

Mit dem Telefon treten wir in den „Eingangskanal Ohr" unserer Mitmenschen ein. Stimme und Stimmung werden ausschließlich akustisch erlebt. Sämtliche Übersetzungen auf die visuelle Ebene geschehen in der Fantasie, auf der sogenannten „geistigen Leinwand". In persönlichen Gesprächen erleben wir unser Gegenüber zusätzlich mit Mimik, Gestik, Augenkontakt und Körpersprache; hinzukommen weitere bildhafte Elemente wie Unterlagen oder Produkte.

Nicht jeder von uns ist auf beiden Kanälen (auditiv und visuell) gleich gut zu Hause. So meidet vielleicht mancher ein Vier-Augengespräch, weil er nicht mit der ernsten Miene seines Gegenübers konfrontiert sein möchte. Vielleicht zieht er das Telefongespräch vor, weil er sich geschützter fühlt und sich der Gesprächssituation nicht persönlich mit seiner Hilflosigkeit aussetzen muss. Sie können also für sich selbst jederzeit entscheiden, wann Sie lieber mit wem telefonieren und wem Sie zuerst ein persönliches Gespräch anbieten möchten (das eventuell durch einen Brief oder eine Mail vorbereitet werden kann).

Es gibt jedoch noch eine Zwischenstufe, wenn Sie ein Cam-Messenger-System oder Skype nutzen. Man sieht sich dann gegenseitig, befindet sich physisch aber nicht im selben Raum. Diese Kommunikationsmöglichkeiten über das Internet werden oft benutzt, um sich von einer Person einen ersten Eindruck zu verschaffen oder mit Verwandten, die sehr weit weg wohnen, den Kontakt zu halten. Aber nichts kann die persönliche Begegnung mit einer Umarmung und der gemeinsamen Zeit am selben Ort wirklich ersetzen.

In meinen Telefonkonferenzen erlebe ich es immer wieder, dass die kommunikativen Vorteile dann besser gelingen, wenn man die teilnehmenden Personen z. B. in einem Coaching oder Training bereits kennengelernt hat. Für Ihre Wirkung am

Telefon ist es also günstig, wenn Sie andere, aber auch sich selbst zunehmend besser kennen- und einschätzen lernen.

3. *Ist gutes Telefonieren nicht sehr kompliziert?*

Alles, was wir heute gut können, haben wir einmal gelernt, auch wenn es am Anfang kompliziert war. Leider ist Telefonieren kein Schulfach. Aber wie so viele andere Dinge auch können wir es lernen, indem wir offen und bereit dafür sind.

Also: Greifen Sie bewusst zum Hörer und erkennen Sie, was jedes einzelne Gespräch an Lernstoff bereithält und wie Sie das Gelernte für sich nutzen können.

Aus dem Stand, von jetzt auf gleich, werden Sie sicher nicht zum perfekten Telefonprofi. Doch wenn Sie begreifen, dass Sie sich auf einen niemals endenden Lernprozess einlassen, wenn Sie Kommunikation (auch – oder besonders – am Telefon) als ständige Herausforderung betrachten, können Sie persönlich daran wachsen und sich von Erfolg zu Erfolg weiterentwickeln.

4. *Gibt es eine Grundmotivation für erfolgreiches Telefonieren?*

Vielleicht wünschen Sie sich einen Text, der Ihnen als innerlicher Kraftspender hilft und Sie anspornt, jeden Tag Ihr Bestes zu geben.

Einen solchen Text zu verfassen, der allen Menschen gleich intensiv aus dem Herzen spricht, ist eine ziemliche Herausforderung. Im Folgenden finden Sie Anregungen für eine Reihe von aufbauenden und motivierenden Sätzen zu diesem Aspekt der persönlichen Stärkung:

> Telefonieren gehört zum Leben wie Atmen und Zähneputzen.
>
> Ich telefoniere mit Begeisterung und für mein Leben gern, weil ich mich für Menschen interessiere. Für jedes meiner Telefonate bin ich selbst verantwortlich. Jedes Telefongespräch wird ein Erfolg. Entweder ich erreiche meine Ziele oder ich erlebe eine Art Trainingsgespräch in einer Atmosphäre, die ich selbst maßgeblich beeinflusse. Das ist zugleich meine persönliche Chance für Erfolg und dafür, Erfahrungen zu machen.
>
> Indem ich viele Menschen dabei unterstütze, ihre Ziele und Wünsche zu erreichen, gelingt es auch mir, meine eigenen Vorhaben zu realisieren. Das erzeugt gleichzeitig eine verbindliche Atmosphäre für alle Folgetelefonate. Mit Respekt, Ehrlichkeit und Aufmerksamkeit liege ich immer richtig. Man kann mit mir über alles reden. Vorwände und Einwände klären wir gemeinsam konstruktiv und nutzen den freigewordenen Weg für Gewinn-Gewinn-Absprachen.

Ich lasse mich auf die telefonische Begegnung mit Menschen ohne Vorbedingungen ein. Ein Telefonat mit mir ist immer möglich, um für beide Seiten eine Basis für neue Erfolge zu entdecken und zu nutzen. Ich bilde mit dem jeweiligen Gesprächspartner ein sogenanntes „dynamisches Duo".

Zuverlässigkeit hat einen besonderen Wert und bedeutet für mich: Wort = Tat. Alles, was ich am Telefon erzähle, stimmt nachprüfbar. Alles, was ich verspreche, halte ich vorbildlich ein. Ich beteilige mich nicht an Gerüchteküchen. Ich helfe dabei, etwas Positives zu bewegen. Das erwarte ich auch von meinen Mitmenschen und sichere diesen Aspekt durch eine kleine Zusammenfassung am Ende aller Telefonate ab.

Ich denke mich in jeden meiner Gesprächspartner hinein und stelle vertiefende Fragen. Dabei steht der persönliche Gewinn für beide Gesprächspartner im Mittelpunkt der Telefonate.

Als Beziehungsmanager bin ich ein Meister im aktiven Zuhören. Für mich bedeutet dieser Begriff „zuwendendes Hin*hören*". Damit führe ich automatisch die interessanteren Telefonate. Sollten einmal Meinungsverschiedenheiten auftreten, werde ich mich an folgende Gedanken erinnern:

„Wenn ich freundlich und fair bin, kann ich alles sagen, was ich sagen möchte. Ich kann die Menschen nicht verändern, ich kann aber verändert mit ihnen umgehen, auch – und besonders wirksam – am Telefon."

II. Entdecken Sie das Abenteuer Telefonieren

„Wer die Menschen gewinnt, der vereinbart auch Termine,
findet neue Kunden und engagierte Partner;
hat also mehr Erfolg und verdient auch mehr Geld."

Schließen Sie „Freundschaft" mit dem Telefon, denn auch für Sie kann es zum Erfolgsinstrument höchster Güteklasse werden, beruflich wie privat.

Ich kann es nicht oft genug sagen und auch Sie werden immer wieder feststellen: Das Telefon kann für Sie zu einer Zeit-Sparmaschine werden. Keine Anfahrten, keine Rückfahrten. Sie „besuchen" Ihre Mitmenschen einfach durch einen Griff zum Hörer. Auch neue Kontakte lassen sich telefonisch anbahnen und im weiteren Verlauf dann zu – möglicherweise ganz wichtigen – Beziehungen ausbauen.

Wen rufen Sie noch heute an, bei dem Sie sich melden wollten, bisher aber leider „nicht dazu kamen"? Oder möchten Sie mal ein Telefon-Coaching machen?

5. Was passiert in einem Telefon-Coaching?

Ein Telefon-Coaching findet bei mir im Zeitraum von jeweils einer Stunde statt. Dabei steht immer ein bestimmtes Ziel im Mittelpunkt. Es kann sein, dass jemand die Quote seiner telefonisch zu vereinbarenden Termine erhöhen möchte. Oder aber bestimmte Kunden haben einen Vertrag storniert und ein Mitarbeiter im Vertrieb sucht nach Chancen und konkreten Ansätzen, mit neuen, am Nutzen des Kunden orientierten Sprachmustern vorzugehen. Telefon-Coaching ist ein Dialog, der Wahrnehmungen freisetzt, um sofort neue Entscheidungen für neue Erfolge zu treffen. Oft findet innerhalb des Telefon-Coachings sogar ein kurzes Training für die anstehenden Telefongespräche statt. Ich selbst versetze mich dann in die Situation des Kunden und übernehme im Gespräch diese Rolle. Jedes Telefon-Coaching ist spannend und fördert effektive Möglichkeiten für neues Handeln ans Tageslicht.

6. Gilt „je schneller, je besser" in jedem Fall auch für Telefonate?

Wir leben in einer Zeit ständig zunehmender Beschleunigung. Immer wieder versuchen Menschen, die Zeit mittels der Technik zu „überlisten". Bei allem Tempo-Machen ist unser Gehirn jedoch nur in der Lage, einen einzigen Gedanken zurzeit zu denken und diesen im nächsten Schritt weiterzuentwickeln.

Dieses Schritt-für-Schritt-Vorgehen sollten wir auch in unseren Telefonaten berücksichtigen. Tun wir es nicht, sind oft Flüchtigkeit und Fehler die Folgen. Statt unbedingt Zeit zu sparen, müssen wir vielleicht so manches Gespräch wiederholen, also die doppelte Zeit einsetzen, um ans Ziel zu gelangen. Führen Sie deshalb Ihre Telefonate lieber gleich im ersten Anlauf korrekt und klar verständlich – und nehmen Sie sich die Zeit, die Sie wirklich dafür brauchen. – Was zunächst als „Zeitverschwendung" erscheinen mag, wird sich in aller Regel unterm Strich als große Zeitersparnis erweisen.

7. Warum telefonieren viele Menschen eher ungern?

In der Aussage „Ich *muss* nachher noch telefonieren" steckt schon drin: Wir telefonieren oft ungern. Das mag daran liegen, dass wir schlechte Nachrichten zu überbringen haben oder unangenehme Konsequenzen als Ergebnis eines Gespräches fürchten. Oder wir müssen mit jemandem sprechen, zu dem wir nicht unbedingt die beste Beziehung haben.

Viele Menschen telefonieren ungern, weil sie sich unsicher fühlen. Manchen fehlt auch die innere Ruhe, den anderen ausreden zu lassen. Fühlt dieser sich dann nicht richtig verstanden, kann es schnell zum Konflikt kommen und eine mögliche Einigung in einer Frage rückt in ganz weite Ferne.

Doch gerade bei „schwierigen" Telefonaten warten viele neue Chancen auf uns, denn aus jedem einzelnen Telefonat können wir etwas lernen. Jede gemeisterte Herausforderung lässt uns wachsen, erweitert unsere Menschenkenntnis und unsere kommunikativen Stärken.

8. Was sind offene Fragen?

Offene Fragen erzeugen viele Antwortvarianten. Es handelt sich dabei um die sogenannten W-Fragen:
Wie haben Sie das erlebt?
Welche Ideen gibt es bereits zu diesem Thema?
Wo genau soll das stattfinden?
Was können wir im Sinne des Unternehmens sofort verbessern?
Wer kann uns bei diesem Projekt unterstützen?
Wie meinen Sie das genau, Frau Bahnsen?

Aus den Antworten auf offene Fragen erfährt man mehr Details und mehr über die Sichtweise des Gesprächspartners. Auch darüber, wie engagiert er bei der Sache ist, erhalten wir bessere Hinweise – insbesondere dann, wenn wir auf die Stimme unseres Telefonpartners achten.

Bei Vielplauderern gilt es allerdings, mit offenen Fragen sparsamer zu sein. Ansonsten müssen wir den Redefluss wieder stoppen: „Herr Müller, zu welchem Ihrer genannten Aspekte wünschen Sie konkrete Informationen?"

9. Warum machen Fragen ein Telefonat lebendiger?

Wenn in einem Telefonat viele Fragen gestellt werden, ist automatisch die Redezeit auf die Gesprächsteilnehmer verteilt. „Wer fragt, der führt" ein Telefonat zum Dialog.

Stellen Sie Ihrem Gesprächspartner möglichst offene Fragen. So ist er nicht zur Einsilbigkeit „verdammt", kann in den Dialog hereingeholt werden – und wird durch Ihre Fragen vermutlich noch zu einigen interessanten Gedanken hingeführt. Weg von einseitigen „Telefon-Referaten", hin zu Telefon-Dialogen, die für beide Seiten erlebnis- und ergebnis-orientiert gestaltet werden: Das gilt es in jedem Fall anzustreben.

Aber: Jede Frage, die Sie stellen, muss gleichzeitig das Versprechen beinhalten, die Antwort auch hören zu wollen und genau zu empfangen. Sichern Sie bitte durch kurze Feedbacks das Verstandene ab.

Beispiel:
„Das klingt sehr interessant, Herr Danger. Welche unserer Vorschläge finden Sie am geeignetsten, um Ihre Ziele zu erreichen?"
„Das wären der zweite und der dritte Vorschlag."
„Dann entscheiden Sie sich also für das Telefontraining für Ihren Vertrieb und möchten gleich im September damit starten. Welche Mitarbeiter und Führungskräfte haben Sie dafür vorgesehen?"

10. Was sind positive Sprachmuster und wie funktionieren sie?

Positive Sprachmuster sind beim Telefonieren eine absolute Notwendigkeit. Setzen Sie diese also unbedingt häufig ein. Was positive Sprachmuster sind und wie sie funktionieren, können Sie den folgenden Beispielen entnehmen.

Beispiele:
Statt: „Was spricht denn **dagegen**, dass Sie sich das einmal anhören?"
sagen Sie lieber: „Es spricht doch eine Menge **dafür**, Herr Schäfer, dass wir beide uns einmal zusammensetzen."

Statt: „Sie werden schnell wissen, **ob das Ganze etwas für Sie ist oder nicht**" formulieren Sie besser: „Schon nach kurzer Zeit werden Sie ein Gefühl dafür bekommen, **wie groß Ihr persönlicher Nutzen wirklich sein kann**."

Positive Sprachmuster schaffen aktive Bilder. Diese wiederum beeinflussen unsere Emotionen – und Emotionen sind ein wesentlicher Faktor für Entscheidungen. Nutzen Sie diese Erfolgsregel in jedem Gespräch – zum Nutzen aller Beteiligten.

11. Was bedeutet „aktives Zuhören"?

„Aktives Zuhören" ist am Telefon der Schlüssel, mit dessen Hilfe Sie sich äußerst effektiv Informationen erschließen können. Aktives Zuhören bedeutet, dass Sie Ihrem Gesprächspartner offene Fragen (siehe Frage 8) stellen. Schon aus der ersten Antwort können Sie für sich wichtige Informationen entnehmen, die sich durch weitere offene Fragen Ihrerseits noch vertiefen lassen. Durch den Raum, den Sie Ihrem Gesprächspartner mit Ihrer offenen Frage gegeben haben, durch Ihre Aufmerksamkeit für seine Worte und Ihre vertiefenden Nachfragen wird sich schnell ein interessanter Dialog entspinnen.

Beispiel:
Frage: „Herr Müller, was soll nach dem Workshop von Ihren Mitarbeitern erfolgreicher umgesetzt werden, als es heute der Fall ist?"
„Alles muss noch reibungsloser klappen, um mehr Kunden zu gewinnen."
Vertiefende Nachfrage: „Die Mannschaft muss also die täglich zur Verfügung stehende Zeit effektiver nutzen?"
„Genau. Zeiteinsatz und Ergebnis sollen perfekt zusammenpassen."
Weitere vertiefende Nachfrage: „Welche Ergebnisse wünschen Sie sich konkret?"
„Wir brauchen mehr feste Termine für Präsentationen und Verkaufsgespräche. Eine Verdopplung der Ersttermine ist mein klares Ziel."

Aktives Zuhören ist gleichzeitig ein Kompliment an Ihren Gesprächspartner. Sie interessieren sich für ihn und das, was er erzählt. Und Sie helfen darüber hinaus, sich selbst über bestimmte Dinge klar zu werden:

Beispiel:
„Weißt du, Peter, gestern war so ziemlich der erfolgreichste Tag in der neuen Firma."
Frage: „Das klingt ja super. Was genau ist gelaufen?"
„Weißt du, im Morgen-Meeting habe ich meine neue Idee für die Vertriebstagung präsentiert. Alle, ohne Ausnahme, haben zugestimmt."
Frage: „Das ist bestimmt ein Supergefühl. Glückwunsch. Wie soll die Tagung ablaufen? Welche Highlights hast du entwickelt?"

„Ich habe mir etwas ganz Neues einfallen lassen. Nicht nur wir selbst stellen unsere Marktposition und unsere Stärken heraus, sondern ich habe alle unsere Kooperations-Partner ebenfalls eingebunden. Und schon in meinen Vorgesprächen erhielt ich die Zusage der Unternehmen. Alle sind bereits im Boot."

Das aktive Zuhören kann sehr wirksam als „Aussage + Frage" eingesetzt werden. Das klingt logisch, gibt dem anderen ein Mini-Feedback und übergibt das Wort an ihn für weitere Informationen: „Schön, dass Sie dieses Buch bislang aufmerksam gelesen haben. Sind Sie schon neugierig, wie es weitergeht?"

12. Was bedeutet „bildhafte Sprache"?

Bildhafte Sprache ist für mich wie „Bonus-Material" beim Telefonieren. Es bedeutet, dass unsere Worte und Formulierungen bei unserem Gesprächspartner als Bilder ankommen, welche er sich konkret vorstellen kann. Ein Roman arbeitet genau mit dieser Komposition von visuell anregenden Sätzen.

Beispiele:
„Stellen Sie sich vor, Sie wären bereits in Ihr Traumhaus eingezogen. Öffnen Sie in Gedanken die Haustür. Was erblicken Sie im Flur und was fasziniert Sie dann in Ihrem Wohnzimmer?"
„Ich habe für Sie ein paar Informationen vorbereitet, die ich Ihnen am Montag gern zeigen möchte. Dann können Sie sich anhand der Fotos und Beschreibungen davon überzeugen, welcher Vorschlag der für Sie beste ist."

Hier noch ein Beispiel, wenn es um das Vereinbaren eines Gesprächstermins geht: Viele werden den Interessenten ganz nüchtern fragen: „Wann passt es Ihnen besser, Herr Ahlers, am Montag um 16.30 Uhr oder am Dienstag um 18.00 Uhr?" Besser wird es sein, Sie geben Ihrem zukünftigen Kunden folgenden Gedanken, damit er eine Entscheidung treffen kann: „Wann wollen wir uns denn einmal zusammensetzen, damit Sie sich von meinem Info-Angebot überzeugen können? Am Montag um 16.30 Uhr oder lieber am Dienstag um 18.00 Uhr?"

Wer die inneren Bilder eines Menschen mitgestaltet, der unterstützt das bessere Gespräch. Wie sagte Albert Einstein: „Vorstellungskraft ist wichtiger als Wissen." Fördern Sie die Vorstellungskraft Ihrer Mitmenschen, dann werden Ihre Gespräche interessanter und effektiver.

13. Welche Rolle spielt das Hören?

Die Welt des Auditiven – also das, was wir über den Hörsinn aufnehmen – wächst von Tag zu Tag. Haben wir uns früher ein Thema überwiegend „erlesen", über Bücher, Zeitungen, Illustrierte oder Handbücher, so nehmen wir dieselben Inhalte heute zunehmend über Hörbuch, MP3-Dateien oder auch Podcasts auf. Die Kombination von Lesen und Hören ist sehr effektiv und optimal, um Informationen aufzunehmen. Doch häufig entscheiden Menschen sich nur für ein Element – und das ist zunehmend das Audio-Produkt.

14. Was sind verstärkende Formulierungen?

Verstärkende Formulierungen können wir jederzeit entwickeln und wirksam einsetzen. Ich habe es mir zur Gewohnheit gemacht, ständig neue positive Sprachmuster zu entwickeln. Es handelt sich dabei um eine „Endlos-Datei" in meinem Notebook, die ich immer wieder umformuliere und ergänze. Einige Beispiele kann ich auch in meinen Workshops einsetzen, die so immer besonders lebendig werden und sich durch eine moderne und zeitgemäße Sprache auszeichnen.

Hier ein konkretes Beispiel für eine verstärkende Formulierung:
Berater: „Und vielleicht, Herr Müller, werden auch Sie nach unserem Gespräch sagen: ‚Das war genau das, wonach ich unbewusst schon immer gesucht habe.'"

Legen Sie sich ein „Erfolgs-Tagebuch" an, in das Sie alle interessanten und erfolgreichen Telefonate kurz eintragen. Auch die Fragen Ihrer Gesprächspartner gehören dazu. Und Ihre Antworten, die Sie intuitiv eingesetzt haben. Letztere haben Ihnen nicht nur Erfolg in zurückliegenden Telefonaten gebracht, sondern sie eignen sich auch als „Schulungs-Material" für Ihre zukünftigen Gespräche mit Trainings-Charakter im Unternehmen.

Was Sie jedoch beachten sollten, wenn Sie Formulierungen sammeln und für sich und andere nutzbar machen: Wir telefonieren immer mit ganz individuellen Persönlichkeiten. Jede Gesprächssituation stellt eine einmalige Konstellation dar und Sie werden niemals zwei vollständig identische Telefongespräche in Ihrem Leben führen. Dieser Einmaligkeit sollten Sie Rechnung tragen und Ihre Formulierungen niemals zu starren Formeln werden lassen.

15. Wodurch werden meine Telefonate einzigartig?

Mit den „sechs As" sind Sie immer „Auffallend Angenehm Anders Als Alle Anderen". Führen Sie jedes Telefonat ohne Druck. Erzeugen Sie einen Sog der Neugier. Es gibt nichts Spannenderes als Menschen. Interessieren Sie sich (bitte aufrichtig) für die Personen, die Sie bereits kennen und denen Sie zukünftig noch begegnen werden. Schaffen Sie sich einen stabilen Freundes-, Bekannten- und Kollegenkreis. Vernetzen Sie sich mit vielen Leuten als Gewinn für beide Seiten.

III. Jeder Anruf ist ein kostenfreies Trainingsgespräch

„Entweder wir erreichen unsere Ziele oder wir führen kostenfreie Trainingsgespräche mit den weltbesten Trainern – mit unseren Mitmenschen."

Wenn Sie die Überschrift dieses Kapitels zu Ihrer Philosophie machen, verfügen Sie auf einen Schlag über ein unerschöpfliches Reservoir an Trainern und Trainings-Möglichkeiten. Sie müssen dann eigentlich nur noch Ihre Trainingserfolge einsammeln – und das bei jedem Gespräch, das Sie führen! In den folgenden Fragen soll es darum gehen, wie Sie diesen Ansatz für sich entwickeln und umsetzen können.

16. Was bedeutet es, von Telefonat zu Telefonat zu lernen?

Wir lernen permanent aus allem, was wir tun. So ist auch jedes Telefongespräch gleichzeitig ein kleiner (manchmal vielleicht auch ein größerer) Schritt in unseren lebenslangen Lernprozess. Stellen Sie sich vor, Sie erhalten täglich nur einen neuen Impuls. Über das Jahr betrachtet ergeben sich so 365 Impulse. Jede kleine Lernstufe erweitert Ihr Potenzial – auch für mehr Sicherheit im Umgang mit dem Telefon.

Nutzen Sie deshalb diese Lernkette und sehen Sie jedes Telefongespräch als eine neue Lernmöglichkeit und als weiteres Glied auf Ihrem Weg zu mehr Erfolg.

17. Können alle Menschen lernen, erfolgreich zu telefonieren?

Nicht jeder kann Weltmeister im Hundertmeterlauf werden, auch nicht die Nummer eins in der Tennisweltrangliste. Auch reicht die musikalische Begabung nicht in jedem Fall zur Karriere als Pianistin oder Sänger. Jeder von uns hat andere Begabungen, unterschiedliche Denk- und Verhaltensstile. Dennoch schlummern in uns allen viele Potenziale, die wir fördern können. Sich für andere Leute zu interessieren, Menschen miteinander in Kontakt zu bringen oder eine Rede zu halten – all das kann man bis zu einem bestimmten Grad lernen, wenn auch nicht von 0 auf 100 an einem Tag, sondern jeden Tag ein bisschen mehr. Um das eigene Verhalten am Telefon zu verbessern und zu optimieren, sollten einige wesentliche Aspekte beachtet werden. Dazu zählen die nachfolgenden drei Punkte.

Freundlichkeit

Bei allen Umfragen taucht dieser Begriff auf den Wunschlisten auf. Wir alle wollen freundlich behandelt werden. Am besten stellen Sie sich einen Spiegel auf Ihren Schreibtisch und kontrollieren Ihr Gesicht, das Sie Ihren Gesprächspartnern „zumuten". Oft denken wir freundlich, aber das Gesicht schaut negativ drein. Also, eine kurze Kontrolle und wir sind auf der sicheren Seite. Auf der sprachlichen Ebene werden Wörter wie „bitte, gern, und danke" als sehr freundlich und höflich empfunden.

Namen

Eines der wichtigsten Wörter im Leben ist unser Name. Also sollten wir den anderen mit seinem Namen ansprechen. Ich schlage vor, dies bei der Begrüßung sowie bei der Verabschiedung zu tun. Und da, wo es gut passt, auch im Verlauf des Gesprächs. Aber nicht zu häufig! Lieber einmal weniger als einmal zu viel.

Positive Formulierungen

Das ist für mich eine Wunderwelt, die mich immer wieder fasziniert. Negative Formulierungen in positive Sprachmuster zu verwandeln heißt: Dort, wo Dunkelheit herrscht, die Räume mit Licht zu erhellen.

Hier ein Beispiel:

„Es gibt viel zu viele wirtschaftliche Verluste durch emotionale Unfähigkeit."
Und nun die umgewandelte Form ins Positive:
„Ich schaffe mir täglich wirtschaftliche Vorteile durch emotionale Kompetenz."

Sie können täglich üben, indem Sie die negativen Formulierungen aus der Zeitung, aus dem Fernsehen und in allen Telefonaten für sich notieren, um sie dann in eine aufbauende Variante zu transportieren. Ich habe es mir zur Aufgabe gemacht, aktive und positive Sprachmuster zu sammeln. Es ist verblüffend, wie viele ich schon zusammengetragen habe. In meinen Seminaren biete ich den Teilnehmern an, diese Sprachmuster für sich zu verwenden. Die Ergebnisse im Kontaktaufbau und in den Verkaufsgesprächen sind sensationell.

18. Was kann ich konkret tun, um aus meinen Telefonaten zu lernen?

Neben einer guten Vorbereitung gehört in einem solchen Lernprozess auch eine Nachbereitung dazu. Stellen Sie sich nach jedem Telefonat die Frage, was Ihnen diesmal besonders gut gelungen ist. Die nachfolgenden Anregungen können Sie in Ihrer Analyse unterstützen:

- Der Einstieg ist mir sehr gut gelungen.
- Ich habe viel besser zugehört als im letzten Gespräch.
- Es ist mir gut gelungen, meine Schlüsselwörter einzusetzen.
- Mit offenen Fragen bekam ich gezielte Informationen.
- Ich habe den Namen meines Gesprächspartners genannt.
- Meine ruhige und dennoch feste Stimme tat dem Telefonat gut.
- Es ist mir gelungen, eine interessante Atmosphäre entstehen zu lassen.
- Meine positiven Sprachmuster haben Wunder gewirkt.
- Ich habe mich in diesem Telefonat sehr wohlgefühlt.
- Ich habe mir einige wertvolle Notizen gemacht.
- Mir wurde diesmal wirklich klar, dass ich mich in jedem Telefongespräch noch weiter verbessern kann.

19. Welche Stärken muss ich noch intensiver entwickeln, um sie beim Telefonieren effektiv einsetzen zu können?

Eine unverwechselbare Stimme:
Jede Stimme kann durch ein wenig „Sonne“ in der positiven Wirkung noch verstärkt werden.

Bildhafte positive Sprachmuster:
Viele Formulierungen können durch „positive Bilder“ noch intensiver die emotionale Ebene ansprechen.

Das Siegel von Freundlichkeit und Verschwiegenheit:
Mit guter Laune und Freundlichkeit behandeln Sie nicht nur den anderen besser, sondern ernten selbst Harmonie und Energie.

Die Fähigkeit, langfristige Beziehungen aufzubauen:
Wenn die Beziehungsebene stimmig ist, läuft ein Telefonat immer besser. Wer Beziehungen aufbaut und pflegt, hat eine wunderbare Basis für Freundschaften und geschäftliche Erfolge.

Ständiger Zuwachs an Sachverstand und Wissen:
Wenn Sie auch in der Sache fit sind (Zahlen, Daten, Fakten), dann schaffen Sie optimale Bedingungen für Vertrauen auf Kundenseite.

20. Wie kann ich an meiner Einstellung arbeiten, jedes Gespräch als Trainingseinheit zu sehen?

Jeder Sportler, jeder Musiker oder Moderator geht davon aus, dass er die eigene Leistung noch weiter steigern kann. Es bedarf lediglich der täglichen Aufmerksamkeit dafür. Wenn Sie diesen „Selbstlernprozess“ auf Ihre täglichen Telefonate übertragen, wird es wichtig, „schriftlich“ zu telefonieren. Halten Sie bestimmte Fragen Ihrer Kunden oder sonstigen Partner am Telefon fest. Notieren Sie jeden Tag eine Antwort auf Ihre Frage: „Was habe ich heute in meinen Telefongesprächen gelernt“?

Sie kennen meinen Slogan: „Erfolg ist, was wir täglich tun.“ Lernen Sie täglich dazu. Schreiben Sie es auf. Machen sie sich täglich bewusst, dass Sie einen kleinen Schritt weiter in die richtige Richtung gehen. Dann wird auch für Sie jedes Telefonat zum doppelten Erfolg: für Ihr Ziel und als „Lern-Geschenk“.

21. Wie kann ich „Trainingsinhalte“ für mich festlegen? Ich weiß doch gar nicht, wer in welcher Sache anruft?

Es gibt Bereiche im Selbst-Coaching, die wir in jedem Telefonat einsetzen und üben können. Z. B. Freundlichkeit, denn durch Freundlichkeit und Respekt wird jedes Gespräch bereichert. Dann können Sie immer auch aktives Zuhören trainieren. Formulieren Sie im Anschluss an das, was die andere Person sagt, eine offene Frage. Nehmen wir an, die Person am anderen Ende formuliert: „Ich bin noch nicht ganz sicher, wie wir die Besprechung morgen gestalten werden.“ Ihre Frage könnte lauten: „Welche Punkte sind für Sie denn besonders wichtig?“ Und schon haben Sie alle Chancen, Ihr Gespräch erfolgreich aufzubauen und weiterzuentwickeln.

22. Bei jedem Gespräch muss ich an „zig“ Sachen denken. Und jetzt auch noch ans Trainieren?

Der Trainingsgedanke wird Ihnen sehr schnell in Fleisch und Blut übergehen, wenn Sie ein schriftliches Erfolgsprotokoll dafür nutzen. Nach jedem Telefongespräch eine kleine Notiz – und Sie werden schwarz auf weiß sehen, wie Sie jeden Tag ein wenig besser werden. Ihr Bewusstsein und Ihre Wahrnehmung für ergebnis- und erlebnis-orientiertes Telefonieren werden sich positiv steigern. Falls Sie beruflich viel telefonieren und Menschen führen, entwickeln Sie automatisch Ihren individuellen Coaching-Leitfaden für sich und Ihre Mitarbeiter.

23. Kann ich für mich einen Erfolgsfahrplan festlegen?

Die drei wichtigsten Abteilungen für erfolgreiches Telefonieren sind (wie auch bei anderen Projekten):

Vorbereitung

Welche Ziele verfolge ich mit dem nächsten Telefonat?
Welche Unterlagen und Infos benötige ich?
Wie stimme ich mich und meine Laune positiv?
Mit welcher Nachricht bringe ich den anderen zum Lächeln?
Welche Fragen stelle ich ihr oder ihm?
Welche Schlussbotschaft werde ich einsetzen?

Durchführung

Ich setze Respekt ein, indem ich den Namen meines Gesprächspartners an den richtigen Stellen nenne. Am Anfang bei der Begrüßung, am Ende bei der Verabschiedung sowie auch mitten drin im Telefongespräch, wo es gut passt: „Sehr gute Frage, Herr Schmidt, dazu kann ich Ihnen Folgendes berichten ..."
Ich telefoniere immer schriftlich und werde einen großen Block dafür bereithalten.
Ich definiere mich als „Gewinn" für jeden Gesprächspartner, indem ich gut zuhöre sowie mich immer fair und respektvoll verhalte.
Ich werde mit meiner letzten Botschaft dafür sorgen, dass dieses Telefonat konkret beendet wird: „Schön, Herr Kaufmann, dann sind wir beide also fest verabredet für Montag um 17.00 Uhr." Oder: „Dann wünsche ich Ihnen noch einen schönen Abend, Frau Weiser. Und vielen Dank im Voraus für die PDF per Mail. Ich freue mich schon darauf."

Nachbereitung

Ich werde alles, was ich versprochen habe, zuverlässig erledigen. Wenn Unterlagen zu versenden sind oder es sich um eine Bestätigungs-Mail handelt – meine Gesprächspartner können mich genau daran messen. Mein Motto lautet: Wort = Tat.
Auch werde ich den anderen Personen helfen, mir gegenüber zuverlässig zu sein. Z. B. durch eine Mail oder den Gruß einer Person, die wir beide schätzen.

Seien Sie erfinderisch. Entdecken Sie Ihre neue Effektivität durch die folgenden sechs „As": **Auffallend Angenehm Anders Als Alle Anderen.**

IV. Telefonieren: Wann? Wie? Aus welchem Anlass?

Wenn wir immer im Vorfeld wüssten, *wann* wir welche Person am besten auf unser (gemeinsames) Anliegen ansprechen, dann wäre vieles einfacher. Sie haben natürlich die Möglichkeit, Telefontermine zu vereinbaren. Wie bei einem persönlichen Gesprächstermin verabreden Sie sich, zu einem bestimmten Termin miteinander zu telefonieren. Hierbei ist Pünktlichkeit genauso von Bedeutung wie bei einer Verabredung im Büro oder zu Hause.

Wie wir telefonieren ist das Wichtigste überhaupt. Wenn Sie Menschen für eine Idee, ein Projekt, einen Termin oder für sich als Mensch gewinnen möchten, dann muss das freundlich, menschlich, fair und mit Respekt geschehen. Versprühen Sie Ihre gute Laune. Es wird Ihnen helfen, denn in guter Stimmung sind Sie ideenreicher, belastbarer und tun sich selbst und Ihren Mitmenschen am Telefon besonders gut.

Und nun *zum jeweiligen Anlass.* Fragen Sie sich vor dem Telefonat, ob es der richtige kommunikative Weg ist, das Telefon zu benutzen. Manchmal tut es eine Mail besser. In andere Situationen schreiben Sie lieber einen Brief, vielleicht sogar handschriftlich. „Der Köder muss nicht dem Angler, sondern dem Fisch schmecken." Dieses Wort kennen Sie alle. Denken Sie immer daran, dass es mehrere Wege zu Ihren Mitmenschen gibt. Das Telefon ist der schnellste – wenn der andere erreichbar ist. Aber die Stimmung spielt eine große Rolle, wenn nicht sogar die Hauptrolle.

24. Wie treffe ich Verabredungen per Telefon?

Ein ewiges Hin und Her, hektisches Geblätter in Terminkalendern – und dann kommt am Ende doch nichts dabei heraus ... Wenn Sie das vermeiden wollen, machen Sie sich am besten bereits vor dem Telefonat Gedanken darüber, welche Termine Sie überhaupt anbieten können. Vielleicht legen Sie auch für sich im Vorfeld Prioritäten fest:

- Wäre mein Wunschtermin
- Wäre auch noch möglich

- Zur Not ginge auch ...
- Wenn gar nichts anderes mehr geht ...

Aber denken Sie immer daran, dass beide Gesprächspartner die Chance bekommen, einen Termin zu finden, der ihnen gut passt. Wenn die Gesprächspartner keine Klarheit über ihre Terminplanung haben, gibt es oft unverbindliche Absprachen wie „Lassen Sie uns noch mal darüber sprechen" oder: „Wir sollten das demnächst verabreden."

Verschaffen Sie sich also, egal ob Sie eine berufliche oder private Verabredung treffen wollen, eine Übersicht über Ihre Tages- und Wochenpläne. Dann können Sie problemlos geeignete Zeiträume für Verabredungen erkennen und festlegen. Haben Sie einen Termin vereinbart, dann gibt es noch die wunderbare Möglichkeit, ihn per SMS oder Mail zu bestätigen und mit einer kleinen Information abzusichern: „Hallo Herr Dr. Feldmann, ich freue mich auf Freitag, 10.00 Uhr und habe bereits einige Infos für unser Projekt zusammengestellt. Also bis Freitag und viele Grüße ... Ihr Peter Petersen."

25. Wie kann man telefonisch optimal einladen?

Im geschäftlichen Umfeld hat sich für Einladungen das „Drei-Kontakt-System" bewährt: Anruf – Brief – Anruf.

Kontakt 1 – Anruf: Nach einer Analyse, welche Kundengruppe sich besonders für einen bestimmten Service, ein neues Produkt oder eine Veranstaltung interessiert, werden die so ermittelten Kunden zunächst angerufen und über Termine, Inhalte und alle Modalitäten kurz informiert. Ist ein Kunde interessiert, kann er sich den Termin einer Veranstaltung beispielsweise bereits vormerken.

Kontakt 2 – Brief: Im zweiten Schritt schicken Sie Ihren Kunden eine schriftliche Einladung, mit Wegbeschreibung und allen anderen wesentlichen Informationen. Und noch ein kleiner Tipp: Ein besonders motivierender Satz als P. S. macht sich immer gut: „Einige Personen aus Ihrem privaten oder beruflichen Umfeld laden wir ebenfalls gern ein. Dazu melde ich mich in den nächsten Tagen kurz telefonisch."

Überlegen Sie immer, ob auch das Umfeld Ihrer Kunden interessant für Ihr Angebot sein könnte. Im Fall einer Veranstaltung bieten Sie deshalb an, in Begleitung zu kommen.

Kontakt 3 – Anruf: Dann rufen Sie ein paar Tage nach dem Eintreffen des Briefes Ihren Interessenten wieder an und sprechen mit ihm darüber, welche Leute er zur Veranstaltung mitbringen möchte. Dann laden Sie diese ebenfalls ein und haben damit einen echten Beitrag zur Expansion Ihres Kundenstammes unternommen.

26. Wie verhält man sich bei einem Telefoninterview?

Viele Unternehmen nutzen bei der Besetzung von Ausbildungsplätzen oder freien Stellen Telefoninterviews, um bereits vor einem persönlichen Gespräch einen ersten Eindruck von den Bewerbern zu erhalten. Das hat für beide Seiten Vorteile, denn so lässt sich von Arbeitgeberseite beispielsweise relativ schnell und unkompliziert abklären, ob aufseiten des Bewerbers ein echtes Interesse an der ausgeschriebenen Stelle besteht. Auch der Bewerber kann so kurz und knapp etwas über einen potenziellen Arbeitgeber erfahren. Ein Telefoninterview beruht also auf Gegenseitigkeit und erspart u.U. beiden Seiten viel und weiteren Aufwand.

27. Welche Fragen an den Bewerber sind für den Abteilungsleiter Personal wichtig?

Zunächst ist die Vorbereitung auf ein Telefoninterview von großer Bedeutung. Welche „wunden" Punkte aus den übersandten Zeugnissen oder weiteren Bewerbungsunterlagen können eventuell angesprochen werden? Weiter taucht immer wieder die Hauptfrage auf: Was wird der Personalchef mich fragen?

Es ist sinnvoll, dass Sie alle Unterlagen, die Sie dem Unternehmen zugeschickt haben, vor sich liegen haben. Auch der Lebenslauf sollte in Sichtweite sein. So haben Sie ein wenig Sicherheit im Bereich der auf beiden Seiten bereits bekannten Details.

Fragen vom Personalleiter oder einem Mitarbeiter lauten oft:
„Warum bewerben Sie sich gerade bei uns?"
„Was wissen Sie über uns und unser Unternehmen?"

Oft werden auch Stärken und Schwächen eines Bewerbers hinterfragt. Am besten überlegen Sie bereits im Vorfeld, wie Sie auf folgende Fragen antworten könnten:
„Was können Sie am besten? Was sind also Ihre Stärken?"
„Womit haben Sie so Ihre Problemchen? – Nobody is perfect. Wo sehen Sie Ihre nicht so starken Seiten?"

Niemand erwartet von einem Bewerber eine „perfekte Leistung" am Telefon. Für eine leichte Aufregung gibt es immer Verständnis. Aber immerhin geht es für Sie darum, eine Stufe weiterzukommen, nämlich zu einem persönlichen Gespräch im Unternehmen eingeladen zu werden.

Oft wird auch das Thema Gehalt angesprochen. Bleiben Sie realistisch und zeigen Sie sich dennoch selbstbewusst. Sie wissen, was Sie zu bieten haben. Sagen Sie zum *Beispiel:* „In meiner jetzigen Firma bekomme ich monatlich € XY sowie leistungsbezogene Zuwendungen und die komplette Übernahme meiner jährlichen Weiterbildungen. Eines meiner eingereichten Projekte gewann einen Preis. Auch dieser Betrag wurde mir komplett ausgezahlt.

Aber auch Sie können Informationen erfragen. Was möchten Sie über das Unternehmen und den ausgeschriebenen Aufgabenbereich wissen? Fragen Sie interessiert und motiviert nach. Darauf können Sie sich wunderbar vorbereiten. Sie können das Telefoninterview sogar vorher mit einem Freund oder einem Bekannten trainieren. Nutzen Sie sämtliche Vorteile für Ihren professionellen Eindruck und Auftritt per Telefon.

28. Wie kann ein Bewerber ein Telefoninterview optimal für sich nutzen?

Für den Ablauf: Kommunikation im Vorfeld zu üben ist immer eine gute Idee. Das geht also auch mit Freunden, Bekannten oder Kollegen. Lassen Sie doch einfach einen guten Bekannten in die Rolle des Personalchefs schlüpfen und alle möglichen Interviewfragen an Sie stellen. Wenn Sie das Terrain für sich so geklärt haben und mehr oder weniger auf alle Fragen gefasst sind, macht Sie das in der späteren Realsituation flexibel und hilft Ihnen, am Telefon auch spontan und intuitiv zu reagieren. Sie wissen doch: „Nur wer es ausprobiert, der weiß, wie es funktioniert."

29. Ist ein Telefonat geeignet, um eine Sache klarzustellen oder gar einen Konflikt zu lösen?

Wir können einem Gesprächspartner nicht „in den Kopf schauen" und wissen niemals mit Bestimmtheit, wie ein anderer Mensch unsere Worte aufnimmt, wie er unsere Formulierungen im eigenen Bewusstsein abbildet. Unklarheiten und Konflikte sorgen ohnehin für schwierige Kommunikationssituationen und fehlende Hinweise aus Mimik und Gestik machen die Sache nicht unbedingt leichter. Wenn es also darum geht, einen Sachverhalt klarzustellen, könnte es wirklich besser sein, telefonisch die Thematik nur kurz anzureißen und dann einen persönlichen Termin zu verabreden.

Beispiel:
„Frau Bahnsen, nach unserem Meeting von gestern haben wir uns vermutlich beide nicht sonderlich wohlgefühlt. Mein Vorschlag ist, wir sprechen im Laufe der Woche unter vier Augen noch einmal darüber. Dann können wir die Angelegenheit bestimmt recht schnell klären. Wann wollen wir uns zusammensetzen?"

30. Worauf sollte man bei telefonischen Bestellungen achten?

Wenn wir etwas bestellt haben, möchten wir natürlich gerne das gewünschte Produkt erhalten. Hier sind zunächst Eindeutigkeit und Genauigkeit von unserer Seite gefordert. Hat ein Artikel eine Bestellnummer? Dann ist es optimal, diese zur Hand zu haben, egal ob Sie Schrauben, Versandtaschen oder eine Pizza bestellen möchten.

Doch allein die Angabe dieser Nummer ist kein Garant für eine richtige Lieferung. Bei einer ganz langen Bestellnummer kann leicht mal eine Ziffer unter den Tisch fallen – und auch Zahlendreher können für böse Überraschungen sorgen. Wollen Sie beispielsweise die Pizza Nr. 22 bestellen, müssen Sie sich wahrscheinlich keine allzu großen Sorgen machen. Doch aus der Nummer 23 kann leicht mal eine 32 werden – und plötzlich bekommen Sie die Pizza mit Peperoni, die Sie doch gar nicht mögen ...

In jedem Fall empfiehlt sich am Ende einer telefonischen Bestellung eine wiederholende Zusammenfassung. So können Missverständnisse sofort aufgeklärt werden und Sie haben das gute Gefühl, sich gegen eine Fehllieferung weitestgehend abgesichert zu haben. Testen Sie doch gleich in Ihrem nächsten Telefonat die Wirksamkeit der so einfachen Wiederholungs-Strategie am Ende Ihrer Gespräche.

Beispiel:
„Schön, Frau Otto, dann fasse ich noch einmal kurz zusammen: Wir sind beide fest verabredet für Donnerstag, den 7. November um 16.30 Uhr bei Ihnen im Büro."

31. Wie kann ich, ohne viele Einzelheiten zu nennen, am Telefon einen Termin mit einem Interessenten vereinbaren?

Ich glaube ganz fest, dass viele Termine für ein persönliches Gespräch genau aus diesem Grund nicht vereinbart werden, weil im Telefonat zu viel geredet wird. Um einen festen Termin zu vereinbaren, muss Ihr Gesprächspartner neugierig und interessiert sein. Das bedeutet, Sie dürfen sich nicht in Einzelheiten verlieren, sondern haben die Aufgabe, sich auf das Wesentliche zu beschränken.

In einem persönlichen Gespräch können dann die Details behandelt werden, die sich am Telefon schlecht vermitteln lassen. Das Telefonat ist also der erste Schritt. Dann folgt vielleicht ein Brief / eine Mail mit einer individuellen Information. Und dann der kurze Anruf für den Termin.

Übrigens: Es gibt heute auch wunderbare zeitsparende Möglichkeiten, äußerst wirksame Online-Gespräche zu führen. Wenn ich jemanden anrufe, frage ich, ob er online ist. Fast alle bejahen und sind dann schnell per Browser-Eingabe mit Sitzungs-Nummer auf meinem Bildschirm, sodass wir exakt dasselbe Bild ansehen und synchron dazu telefonieren. Diese Form von Kommunikation ist sehr effektiv. Auch in einigen Unternehmen habe ich diese hochmoderne Art der Akquise trainiert. (Bei Fragen zu dieser effektiven und sehr preiswerten Technik schreiben Sie bitte eine Mail an erfolg@roland-arndt.de.)

32. Wie kann ich beim Thema Arbeitssuche das Telefon so effektiv wie möglich einsetzen?

Wenn Sie im Augenblick ohne Arbeit sein sollten, empfehle ich Ihnen, mit allen zur Verfügung stehenden Mitteln auch telefonisch aktiv zu werden. Im Folgenden gebe ich Ihnen einige Anregungen für die Stellensuche. Bedenken Sie dabei: Einen neuen Arbeitsplatz zu finden ist ein Fulltime-Job wie jeder andere auch. Das bedeutet: Früh aufstehen und bis zum Abend aktiv sein, so lange, bis Sie den Vertrag unterschrieben haben.

1. Bewerben Sie sich auch ohne Stellenausschreibungen.
Stellen Sie sich selbst und Ihre Leistungsstärke in einer „Zielgruppen-Kurz-Bewerbung" (nach EKS) vor. Zur „Engpass-konzentrierten-Strategie EKS®" hier für Sie vier der insgesamt sieben Phasen:
Phase 1 – Stärkenanalyse: Welche besonderen Stärken haben Sie? Analysieren Sie Ihre Ist-Situation und arbeiten Sie Ihre speziellen Stärken als Kernkompetenz heraus.
Phase 2 – Erfolgversprechendes Geschäftsfeld: Das erfolgversprechendste Geschäfts- bzw. Aufgabenfeld wird erforscht. Für die Lösung welcher Aufgabe bzw. welcher Probleme bin ich durch mein Stärkenprofil optimal geeignet?
Phase 3 – Zielgruppenbestimmung: Welche Zielgruppe hat genau das Problem, das ich lösen kann? Dies ist meine erfolgversprechendste Zielgruppe.
Phase 4 – Brennendes Problem der Zielgruppe: Wie kann ich meine Problemlösung so profilieren und weiterentwickeln, dass ich ihr brennendstes Problem, ihren größten Entwicklungsengpass lösen kann?

Wenn Sie Zielgruppen-Kurzbewerbungen versenden, geben Sie unbedingt auch Ihre Telefonnummer an, damit Interessenten kurzfristig mit Ihnen in Kontakt treten können. Schreiben Sie sogar: „Gern können Sie mich auch per Telefon erreichen. Hier für Sie meine Festnetz- und Mobil-Nummer." Falls sich niemand bei Ihnen innerhalb von fünf Tagen meldet, rufen Sie an, um zu erfahren, ob generell Interesse an Ihrer Bewerbung besteht und um eventuell Fragen zu beantworten und einen Termin zu vereinbaren.

2. Reagieren Sie wirksam auf Anzeigen von Unternehmen.
Stellen Sie aussagekräftige Unterlagen zusammen. Schulen Sie Ihre Stimme (siehe Kapitel 9) und rufen Sie kurz bei dem Unternehmen an, um Ihre Unterlagen zu avisieren und einen möglichen Vorstellungstermin grob einzugrenzen. Legen Sie bei jeder schriftlichen Bewerbung *Ihr bestes Foto* bei – nach dem Motto: „Ein Bild sagt mehr als tausend Worte." Achten Sie unbedingt auf eine positive Körpersprache auf dem Foto. Und betonen Sie auf jeder Seite, dass jeder ganz einfach per Telefon Kontakt zu Ihnen aufnehmen kann.

3. Erstellen Sie eine Liste aller Menschen, die Sie im Laufe der letzten Jahre kennengelernt haben, und nehmen Sie Kontakt auf.

Rufen Sie alle diese Personen an und erklären Sie in Kurzform, welche Position Sie genau suchen und welche Qualifikationen Sie besitzen. Wer Ihnen nicht weiterhelfen kann, kennt vielleicht jemanden, der Ihnen eine Information zuspielen kann. Jeder, der weiß, was für eine Position Sie sich wünschen und wo Ihre Stärken liegen, ist für Sie ein Potenzial-Faktor. Sollte jemand von Ihren Bekannten und deren Freunden wiederum etwas Bestimmtes suchen, wobei Sie behilflich sein können, dann tun Sie es bitte spontan voller Freude und mit Begeisterung.

Bereiten Sie sich auf einen erfolgs- und arbeitsreichen Tag vor. Ihre „Arbeit" heißt ab sofort: „Arbeit finden" – wobei Sie viele Ideen umsetzen und Chancen wahrnehmen. Telefonieren Sie sich zum Erfolg. Mit dem Telefon können Sie schneller und dialogorientiert Ihren Zielen näher kommen. Denn mit Ihrer Stimme sind Sie näher an Ihrem zukünftigen Arbeit- oder Auftraggeber als mit jedem anderen Kommunikationsmittel.

33. Wie kann man das Telefon nutzen, um gemeinsam mit anderen Ideen zu entwickeln?

Gründen Sie mit einigen Freunden und Bekannten ein „Kreativ-Team", das per Telefon Ideen zusammenträgt. Jeder kann jeden aus diesem Team anrufen und um Gedanken oder Lösungsansätze für ein bestimmtes Problem oder Ziel bitten.

Ein solcher Telefontermin dauert maximal drei Minuten und verläuft in Form eines Brainstormings (also ohne jegliche Kritik). Der Anrufer formuliert sein Anliegen, und schon geht's los. Wie aus der Pistole geschossen äußert der Angesprochene seine Sichtweisen und kreativen Impulse. Das Gespräch darf selbstverständlich mitgeschnitten oder mitgeschrieben werden, damit später alle Ideen auch wirklich für eine Verwertung geprüft und somit genutzt werden können.

Es ist immer wieder spannend, auf welche guten Lösungsansätze Menschen kommen, wenn Sie sich gestatten, einfach vor Ideen zu sprudeln. Und am Telefon geht es besonders gut, weil man sofort loslegen kann.

34. Was kann ich mit einem Telefonat erreichen und was sollte ich – je nach Anlass – besonders beachten?

Unsere Möglichkeiten am Telefon sind wie ein bunter Blumenstrauß – doch nicht immer erkennen wir, welche Chancen sich uns auftun. Im Folgenden sollen einige häufig wiederkehrende Telefonsituationen kurz angerissen werden.

Jemanden am Telefon beruhigen
Um jemanden zu beruhigen, müssen Sie selbst erst einmal über eine gewisse innere Ruhe verfügen. Sie können immer nur das geben und einsetzen, was Sie selbst besitzen. Wer das erkennt, der hat schon viel gewonnen und kann sich im ersten Schritt auf jedes Telefonat kurz vorbereiten und einstimmen.

Ein persönliches Gespräch telefonisch vorbereiten
Sie wollen ein persönliches Gespräch vorbereiten? Welche Ziele verfolgen Sie und Ihr Gesprächspartner? Wann ist der beste Zeitpunkt für die Verabredung? Wo kann man sich ungestört zusammensetzen? Was soll genau mit welcher Absicht und welchen Ergebnissen besprochen werden? Und reicht es aus, dass nur zwei Personen anwesend sind, oder gilt es, noch mehr dazu einzuladen? – All diese Punkte lassen sich im Vorfeld wunderbar per Telefon klären.

Ein Missverständnis aus der Welt schaffen
Um ein Missverständnis aus der Welt zu schaffen, müssen beide Personen erst einmal aufdecken und sich bewusst machen, dass es sich um ein solches handelt. Das geht nicht allein am Telefon. Aber auch hier kann man ein persönliches Gespräch telefonisch vorbereiten. Im Gespräch selbst können dann die Beteiligten mit wenigen Fragen klären, wie eine falsche Sichtweise entstehen konnte, und mit einigen Worten die neue jetzt einige Sichtweise betonen.
„Schön, dass wir in aller Ruhe über die aktuelle Situation gesprochen haben. Was halten Sie davon, dass wir vor und nach jeder Veranstaltung zur Sicherheit unter vier Augen miteinander reden?“

35. Wie kann ich am Telefon flirten, ohne die Augen und das verzaubernde Lächeln meines Gegenübers zu sehen?

Eine spannende Frage. Viele Menschen verlieben sich zuerst in die Stimme einer anderen Person. Es werden dann innere Geschmacksmuster angesprochen und die Vorstellungskraft wird aktiviert. Es ist gar nicht so selten, dass eine persönliche Begegnung enttäuscht, weil das innere Bild sich nicht in der Realität wiederfindet.

Beim Flirt am Telefon ist deshalb entscheidend, ob wir den anderen schon gesehen haben oder nicht. Wie wollen wir sonst von wunderschönen Augen schwärmen? Aber zur angenehmen Stimme dürfen wir gern etwas sagen. Auch eine bestimmte Idee, die der andere ins Gespräch einfließen lässt, können wir loben: „Das haben Sie sehr schön formuliert. Eine tolle Kombination, diese Worte und Ihre wunderbare Stimme. Hatten Sie immer schon diese faszinierende Stimme?“

V. Rahmenbedingungen für Telefonate

Wenn wir telefonieren, haben viele Faktoren Einfluss auf unsere Gespräche. Das kann die räumliche Umgebung sein, aber auch Stimmungen – gute oder schlechte Laune – spielen eine wichtige Rolle. Um einige dieser Faktoren soll es in diesem Kapitel gehen.

36. Welchen Einfluss hat die äußere Umgebung auf die Kommunikation am Telefon?

Jeder Raum hat eine bestimmte Atmosphäre. Jeder Raum hat auch seine Geschichte. Hat beispielsweise eine Firma Büros mit einer Konkurs-Vergangenheit übernommen, ohne grundlegend zu renovieren, so kann die „alte" Atmosphäre oft einen neuen Anfang erschweren. Das gilt auch für manche privaten Räumlichkeiten, wenn sich viel Belastendes in ihnen abgespielt hat. Negative Energien scheinen dann förmlich an den Wänden zu kleben.

Doch was hat all das mit dem Thema Telefonieren zu tun? Wenn wir nicht über eine Webcam o.Ä. kommunizieren, sieht unser Gegenüber doch gar nicht, wo wir sind, wie es dort aussieht ... Allerdings überträgt sich die Atmosphäre unserer Umgebung auf uns selbst und beeinflusst unsere Stimmung. Und diese kann ein Gesprächspartner sehr wohl wahrnehmen – denn Stimmung überträgt sich über die Stimme. Wir tun also gut daran, möglichst für eine angenehme Atmosphäre zu sorgen, auch im Interesse unserer Telefonate. Und wenn eine umfassende Renovierung nicht drin ist, so gibt es die Möglichkeit, negativ besetzte Wände mithilfe positiver Energien neu zu definieren:

Eine Wand kann für Entspannung und gute Gedanken stehen, eine andere für Gesundheit und ein langes Leben. Die dritte Wand könnte unser Partner für finanzielle Sicherheit sein und die vierte für Liebe, Freundschaft und Glauben stehen. Sie können ein entsprechendes Bild an die jeweilige Wand hängen. Oder Sie programmieren mental die Energien der Wände neu.

Hier ein Textbeispiel:
„Ich erfülle meine Räumlichkeiten mit der Freude, gute Arbeit zu leisten. Wer immer auch vorher hier gelebt oder gearbeitet hat, ich wünsche ihm alles Gute für seinen weiteren Weg. Hier herrscht jetzt Harmonie und Konzentration auf neue Ziele. Jeder Mensch, mit dem ich telefoniere, spürt sofort meine volle Hinwendung zu ihm und auf die gemeinsame Sache, die wir besprechen und voranbringen wollen. Ich beende jedes Gespräch erst dann, wenn mein Gesprächspartner und ich einen Schritt in die richtige Richtung gegangen sind. Ich freue mich auf jedes neue Telefonat. Ich denke und fühle positiv. Und ich glaube an eine wunderbare Zukunft."

Wenn wir unser Umfeld aktiv gestalten und die Energie ganz neu fließen lassen, in Privaträumen und Büros gleichermaßen, müssen wir uns nicht als Opfer sehen. Frisch mental neu eingestimmt, können wir auch jedes unserer Telefonate ganz neu erleben.

37. Gibt es einen Faktor für erfolgreiches Telefonieren, der quasi über allem steht?

Aus den Erfahrungen meiner eigenen täglichen Telefonate, Coachings und Telefontrainings hat sich ein Favorit herauskristallisiert: **die innere Einstellung.** Dazu gehören unser Menschenbild sowie unsere Bereitschaft, uns auf andere Menschen einzulassen. In vielen Telefonaten wird aneinander vorbeigeredet. Oft hören wir Sätze wie: „Du brauchst gar nicht weiterreden. Ich weiß schon, was du sagen willst." Das bringt nur Enttäuschung bis hin zu einer aggressiven Haltung. Schaffen Sie Klarheit in allen Telefonaten. Wenn die Basis stimmt und eine gewisse „Augenhöhe" erreicht wird, dann können Sie erfolgreich telefonieren. Wir werden nicht zwei identische Telefongespräche in unserem Leben führen. Jede Begegnung am „heißen Draht" hat neue Herausforderungen. Wenn wir offen dafür sind, wird es uns leichtfallen, sie zu meistern.

Einer meiner besten Tipps für erfolgreiches Telefonieren ist sicherlich: „Stimme dich gut ein, konzentriere dich auf dein Gegenüber, auf das, was du ihm mitteilen möchtest. Und höre genau auf Stimme und Worte des anderen. Gib jeder Tele-Kommunikation die Chance, dass beide Seiten sie als Erfolg erleben können."

38. Wie kann ich mich auf ein Telefonat optimal einstimmen?

Wer sich auf das Telefonieren optimal einstimmen möchte, der tut gut daran, sich auf das oder die Gespräche zu freuen. Innere Bilder von vergangenen Erfolgen, die vielleicht sogar mit dem Telefonieren zu tun haben, unterstützen die innere Stabilität. Gut sind auch motivierende Seiten, die Sie in Ihr Erfolgstagebuch (siehe

Kapitel 2 und Kapitel 10) lesen. Machen Sie sich bewusst, dass Sie in Ihren Telefongesprächen alles sagen können, was Sie sagen möchten. Voraussetzung: Sie sind freundlich und fair zu Ihren Mitmenschen.

Und es gibt eine zweite wunderbare Möglichkeit der sinnlichen Entspannung: Hören Sie Ihre Lieblingsmusik, vielleicht eine Passage aus einem klassischen Konzert. Aber es kann auch „Smoke on the water" von Deep Purple sein oder jedes andere Stück, das Ihre Emotionen aufblühen lässt. Alles, was Sie in gute Laune versetzt und Ihren Ohren gut tut, ist erlaubt und erwünscht. Auch Ihren Anspruch an Telefonerfolge dürfen Sie ins Spiel bringen, dass beide Kommunikationspartner zusammen mehr sind als jeder für sich allein.

39. Wie kann ich Vertrauen bei einem Gesprächspartner erreichen?

Alles, was wir am Telefon sagen, muss stimmen. So schaffen wir eine optimale Basis für dieses und für alle künftigen Gespräche. Unser gesprochenes Wort muss gültig sein, das uns entgegengebrachte Vertrauen muss gerechtfertigt sein. Zuverlässigkeit ist für viele Menschen übrigens einer der wichtigsten Werte, genauso wie Ehrlichkeit, Offenheit und Glaubwürdigkeit.

Wenn Sie wollen, dass Ihre Mitmenschen Ihnen vertrauen, dann gehen Sie selbst mit gutem Beispiel voran und erweisen Sie sich als vertrauenswürdig. Warten Sie nicht auf die positiven Reaktionen Ihrer Mitmenschen, sondern werden Sie zum Vorbild.

40. Wie kann sichergehen, dass ich meinen Wunschgesprächspartner auch erreiche?

Schneller geht es technisch nicht mehr – Nummer wählen und die Verbindung ist hergestellt. Nur eine Hürde ist noch zu nehmen: Der andere muss den Hörer auch abnehmen. Wir können nie genau wissen, ob der gewünschte Gesprächspartner am Platz ist. Vielleicht meldet sich nur ein Anrufbeantworter, weil er unterwegs ist oder sich Ruhe gönnen möchte. Vielleicht hat er sich auch Arbeit mit nach Hause genommen, um diese ungestört und konzentriert zu bewältigen ... Hier kann eine Mail im Vorfeld sinnvoll sein – oder auch ein Brief. Diese Form des „Kommunikations-Mixes" ermöglicht uns auch, vorbereitende Informationen für das spätere Telefonat weiterzureichen.

Beispiel für eine vorbereitende Mail:
Lieber Herr Wiedemann, um einen weiteren Schritt in unserem neuen Projekt voranzukommen, schicke ich Ihnen anbei ein paar Entwürfe. Ich bin auf Ihre Meinung gespannt. Beste Grüße, Ihr Klaus Martens.

41. Wie schaffe ich gleich zu Beginn eines Telefongesprächs eine angenehme Atmosphäre?

Vermeiden Sie zu Beginn eines Telefongesprächs jeglichen Druck. Bringen Sie ganz entspannt Ihr Anliegen vor. Dafür ist es ganz besonders wichtig, dass Sie selbst nicht in totaler Hektik oder massiv unter Druck stehen. Ist Letzteres der Fall, sollten Sie einen Anruf nach Möglichkeit auf später verschieben. Doch auch die aktuelle Befindlichkeit Ihres Gesprächspartners ist von Bedeutung, denn es gilt, Ihre und seine Befindlichkeit zu „synchronisieren". Wenn Sie wahrnehmen, dass sich der andere schlecht fühlt oder im Stress ist, kann dies zu einer großen Herausforderung werden. So sind Sie vielleicht gut beraten, besser einen neuen Telefontermin zu vereinbaren.

Wenn Sie also an der Stimme der Person am anderen Ende der Leitung merken, dass ein Gespräch momentan nicht so günstig ist, bietet sich als Frage an: „Passt es Ihnen im Augenblick?"
Oder: „Haben Sie einen kleinen Augenblick Zeit?"
Auch dieser kleine Zusatz kann oft Wunder wirken: „Ich habe eine ganz kurze Info für Sie."

Auf jeden Fall empfehle ich Ihnen, den anderen mit Einfühlungsvermögen anzusprechen. Das wird jedem einzelnen Telefonat guttun.

42. Welchen Einfluss hat der Faktor gute Laune?

Sind Sie auch der Meinung, dass jeder von uns für seine persönliche Stimmung selbst verantwortlich ist? Und steckt dahinter vielleicht sogar die größte Macht für unser positives Lebensgefühl und unsere Lebensqualität? Hier ein paar Gedanken dazu, wie sich neue Stimmungsenergie gewinnen lässt.

Wie finden wir zu dieser inneren Freude, um noch mehr gute Laune (speziell am Telefon) durch unsere Stimme zu erzeugen und zu verbreiten? Mit einem ehrlichen Lächeln betreten Sie schon einmal eine emotionale „Insel guter Stimmungen". Im Tagesgeschehen hilft dieser kleine Sonnenstrahl beim Aufbau sowie bei der Pflege von privaten und beruflichen Kontakten. Es geht bei Humor und Freundlichkeit immer darum, in beiden Gesprächspartnern ein gutes Gefühl auszulösen.

Selbst eine Situation wie „falsch verbunden" lässt sich mit Humor würzen: „Viele sagen ja, es gibt keine Zufälle ... mein Bruder fand z. B. vor einem Jahr über eine derartige Fehlverbindung neuen beruflichen Anschluss. ☺ Vielleicht können wir uns ebenfalls etwas Gutes tun?"

Hier ein paar weitere Praxistipps:

- ☺ Freuen Sie sich auf alle Telefonate und als Vorbereitung lächeln Sie sich selbst im Spiegel an. Jedes Gespräch ist ein Erfolg. Sie können das erreichen, was Sie sich wünschen. Oder Sie lernen etwas dazu und nutzen vielleicht die zweite Chance für Ihren Erfolg.
- ☺ Begrüßen Sie alle Gesprächspartner gut gelaunt. Zeigen Sie von Anfang an, dass Sie respektvoll und fair zum echten Dialog bereit sind und dass mit Humor vieles im Leben leichter wird.
- ☺ Bringen Sie Ihre Gesprächspartner ebenfalls zum Lächeln oder vielleicht sogar zum Lachen. Telefonieren Sie mit einer „ansteckenden" Heiterkeit. So schaffen Sie eine gute Basis für noch besseres gegenseitiges Verständnis.
- ☺ Setzen Sie positive Sprachmuster ein:
  „Schön, dass Sie sich melden, Herr Albers ..."
  „Das haben Sie nett gesagt, Frau Liebig ..."
  „Ich habe mich schon richtig darauf gefreut, Sie anzurufen ..."
  „Das klingt sehr gut, was Sie sagen, Frau Wagner ..."
- ☺ Telefonieren Sie täglich, um natürliche Freude zu erleben und andere Menschen damit zu beschenken. Überraschen Sie Ihre Mitmenschen mit Humor und mindestens einer guten Nachricht. Notieren Sie besonders schöne Telefongespräche und lernen Sie, andere Menschen durch das Telefon zu „besuchen".
- ☺ Und bevor Sie leicht genervt auf eine negative Äußerung des anderen reagieren, fragen Sie besser, wie Ihr Gesprächspartner das genau meint, was bei Ihnen angekommen ist.
- ☺ Erkennen Sie in jedem Telefonat Ihre Chance zur Entscheidung, sich gut zu fühlen und dieses angenehme Gefühl mit Ihrem jeweiligen Gesprächspartner lächelnd zu teilen.

43. Wie gehe ich mit äußeren Störfaktoren um?

Die Arbeitswelt hat sich stark verändert. Auf der einen Seite arbeiten immer mehr Menschen in Großraumbüros mit vielen Störquellen. Auf der anderen Seite schickt man viele Mitarbeiterinnen und Mitarbeiter ins Home-Office. Auch hier entstehen oft neue Zusatzgeräusche, durch die Kinder und den Privathaushalt. Die Lösung kann nur sein, dass wir uns und anderen helfen, in einer konzentrierten Atmosphäre zu arbeiten, besonders wenn es um die Kommunikation am Telefon geht.

Verteidigen Sie Ihre Zeit für Spitzenleistungen. Egal ob Sie selbstständig oder im Angestelltenverhältnis sind: Die Qualität Ihrer Arbeit muss stimmen. Seien Sie in diesem Punkt besonders konsequent. Denn: „Ein inkonsequenter Mensch hat in seinem Leben die meisten Konsequenzen zu tragen."

VI. Wie wirken sich Angst und Unsicherheiten am Telefon aus?

Tanzen Sie gern? Hoffentlich nicht den „Eiertanz“ um das Telefon ... Angst ist ein schlechter Ratgeber. Vor dem Telefonapparat selbst hat wohl niemand Furcht. Aber wir hören immer wieder vom sogenannten „Eiertanz“ um das Telefon. Dabei geht es um die Unsicherheit vieler Menschen vor der telefonischen Begegnung mit Fremden. Diese Unsicherheit liegt in uns selbst begründet, weil wir eine Zurückweisung oder Ablehnung von der anderen Seite fürchten. Dass jemand am anderen Ende der Leitung uns zurückweisen könnte, bringt uns zwar nicht in Lebensgefahr. Und dennoch weichen viele Menschen dem „heißen Draht“ gerne aus, fangen sich so einen „Verzögerungs-Virus“ ein und leiden prompt unter gefährlicher „Aufschieberitis“.

44. Woher kommt die Angst vor Ablehnung – und wie kann ich sie loswerden?

In den ersten drei Lebensjahren, so heißt es, haben wir Menschen bereits ca. 30.000 mal ein „Nein“ gehört, sind bei unseren Eltern und anderen Menschen aus unserer Umgebung „abgeblitzt“. Bis zum 18. Geburtstag sammeln wir ca. 150.000 solche mit Ablehnung verbundene Momente ein. Und die Eindrücke von Zurückweisung sitzen teilweise tief in unserem Gemüt. Aus psychologischer Sicht bedeutet das: Erleben wir erneut eine Ablehnung – auch am Telefon –, werden die Autoritätspersonen und Zurückweisungen aus unserer Vergangenheit wieder lebendig.

Lassen Sie die Vergangenheit hinter sich und blicken Sie nach vorn. Es gibt Selbstcoaching-Methoden, die dabei helfen können. Sie müssen dann jedoch bereit sein, negative Erlebnisse aus der Vergangenheit mental „um-zu-erleben“ und so um-zulernen.

Alles, was wir unter Angst lernen, ist für unsere Entwicklung mit einem Risiko behaftet. Denn wenn wir das (unter Angst) Gelernte im Alltag abrufen, ist „mit-gelernte“ Angst sofort gefühlsmäßig präsent. Deswegen sind Seminare, in denen Teilnehmer unter starken Stress gesetzt und mit Angst und überdimensionaler Überwindung konfrontiert werden, nicht sinnvoll. Nur in einem von guten Emotionen geprägten Klima lässt sich trainieren und Verhalten optimieren.

45. Wie kann ich angstbesetzte Situationen „umlernen"?

Stellen Sie sich eine Situation von früher vor: Sie wurden als Kind gehänselt und auch noch vor anderen blamiert. Sie waren zu einem Kindergeburtstag eingeladen und haben (hoch konzentriert auf die elektrische Eisenbahn) in die Hose gemacht. Alle haben es bemerkt und Sie fühlten sich fürchterlich ...

Soweit die Szene aus der Vergangenheit. Nun zum mentalen Um-Erleben. Sie erleben die vergangene Erfahrung mit dem echten Gefühl von früher. Und Sie sagen sich: „Wäre diese Situation heute, dann würde ich rechtzeitig mein Geschäft erledigen. Und selbst wenn nicht, dann hat diese Szene eine gewisse Komik, sodass ich mitlachen könnte." Gestalten Sie in Ihrem Geist eine ganz persönliche Lösung.

Beispiel:
Ein Kunde hat Sie am Telefon zur Schnecke gemacht, weil die Lieferung zu spät bei ihm eingetroffen ist. Sie haben sich das sehr zu Herzen genommen, denn es war Ihr erster großer Auftrag. Inzwischen haben Sie gelernt, dass es wichtig ist, die Logistik zu fragen, bevor Sie Termine verbindlich nach außen weitergeben. Versehen Sie diesen einfachen Lernprozess mit Eigenstärke und verankern ihn so fest. Dann sagen Sie zu sich: „Nun weiß ich um meine Stärke, Lernprozesse auch rückwärts zu gestalten. Damals war es vielleicht schwierig. Dennoch lasse ich nicht zu, dass die Vergangenheit meine Gegenwart boykottiert. Heute habe ich neue Kraft und Ausdauer für tägliche Erfolge. Ich gebe immer mein Bestes."

46. Aber wie genau kann ich meine Unsicherheit im Zusammenhang mit dem Telefon besiegen?

Eine asiatische Weisheit lautet: „Wo die Angst, da ist der Weg." Wenn Sie also Angst vor dem Telefonieren haben, lautet in diesem Fall die Lösung: Sie müssen besonders viel telefonieren! Lassen Sie sich einfach auf jedes Gespräch ein. Jedes einzelne Telefonat ist ein Sieg über die Angst. Und mit jedem Gespräch werden sich Ihre Unsicherheiten abschleifen – bis sie restlos verschwunden sind und Sie sich von der Angst komplett befreit haben.

Übrigens: Was kann Ihnen denn in einem Telefonat schlimmstenfalls passieren? Eigentlich gar nichts, außer dass Sie Ihr Ziel vielleicht nicht gleich im ersten (oder zweiten) Anlauf erreichen, oder? – Das Leben ist ein Prozess und manche Dinge brauchen halt ihre Zeit. Wenn Sie diesen Gedanken in Ihre Strategie und Planung mit einbeziehen, kann das sehr entlastend wirken und Druck von Ihnen nehmen.

Unterm Strich werden Sie sich sicherer fühlen und weniger ängstlich Ihren Mitmenschen begegnen – geschäftlich und auch privat.

47. Wie gehe ich mit Zustimmung und Ablehnung und am Telefon um?

Zu Beginn möchte ich einige Erfahrungen zusammengefasst wiedergeben:

1. Nicht jedes Ja am Telefon ist ein ehrliches Ja.
Besonders selbstständige Vertriebspartner sind auf die Vereinbarung fester Gesprächstermine angewiesen. Immer wieder kommt es vor, dass eine angerufene Person sehr schnell dem Termin zustimmt – und ist nicht zum verabredeten Zeitpunkt am vereinbarten Ort. Das Gespräch war zu kurz, nicht in der Lage, konkretes Interesse zu wecken. Also brauchen wir Klarheit und Termin-Absicherungen, die beiden das Gefühl geben: Dieser Termin ist wichtig! Dieses Gespräch hat einen besonderen Nutzen, den ich für mich in Anspruch nehmen möchte.

2. Jeder, der heute Nein sagt, kann zu einem späteren Zeitpunkt Ja sagen.
Auch das haben wir alle bereits erlebt. Zuerst wollte sich jemand überhaupt nicht für unsere Idee erwärmen und dann nach einiger Zeit war es ganz leicht, den anderen zu begeistern. Wir Menschen sind doch im Leben immer auf beiden Seiten vertreten. Wir sind „Käufer und Verkäufer".

Beispiel:
In einem Unternehmen ist der Vertrieb vor große Herausforderungen gestellt: Alle Kunden haben sämtliche Wartungsverträge gekündigt. Auf Versuche, die Kunden zu Vertragsverlängerungen zu bewegen, lautet die Antwort immer „Nein!" Durch kontinuierliche Ansprache durch den Vertriebsleiter gibt es schließlich doch Bewegung. Ein Unternehmen will verlängern. Warum? Dem Kunden werden für ihn perfekte Vorteile aufgezeigt. Und siehe da, die Firma verlängert alle Wartungsverträge. Diese Entwicklung wird den anderen Kunden präsentiert, was schließlich zu einem flächendeckenden Erfolg – ein Ja nach dem anderen – führt. Das Geheimnis? Dranbleiben und immer wieder den Nutzen herausstellen. Wie sagte Friedrich Schiller so treffend: „Nur vom Nutzen wird die Welt regiert."

48. Wie bleibe ich in Telefonaten souverän? – Das Modell der Sicherheits-Inseln

Souveränität in Ihren Telefonaten lässt sich ganz einfach durch zwei „Sicherheits-Inseln" aus meinem gleichnamigen Modell erreichen. Immer mehr Teilnehmer meiner Seminare nutzen diese Vorgehensweise, um mit einem guten Gefühl zu telefonieren. Stellen Sie sich vor, Sie wollen einen kleinen Fluss überqueren. Sie finden in einem leicht zu erreichenden Abstand große Steine, die aus dem Wasser ragen. Sie betreten den ersten, dann den nächsten weiter links, dann daneben – und schon sind Sie am anderen Ufer. Sicher und trockenen Fußes. Wenn Sie sicher durch jedes Telefonat gehen können, dann macht Telefonieren noch mehr Freude.

Sicherheits-Insel Nr. 1: Die „Telefonische Visitenkarte“ (Begrüßung mit Namen und originellem Einstieg).
„Peters“ ...
„Guten Tag Herr Peters, ich bin Martin Ebel, wir haben einen gemeinsamen Bekannten, Ihren Anwalt Rudolf Steffen. Haben Sie im Augenblick Zeit für ein kurzes Telefonat?“
Hier steht am Anfang neben der Begrüßung eine bestimmte Verbindung zu einer dritten Person im Mittelpunkt, die sofort ein gutes Gefühl erzeugt. Die Antwort auf die Frage, ob es zeitlich passt, wird mit ziemlicher Wahrscheinlichkeit „Ja“ lauten.

Sicherheits-Insel Nr. 2: „Worum geht es denn?“ (Stimmige Antwort auf diese Frage)
Wenn Sie jemanden anrufen, der Sie nicht kennt, dann will derjenige sicherlich recht zügig wissen, worum es geht, warum er Ihnen Zeit schenken soll. Also kommt die Frage „Worum geht es?“ ins Spiel. Ihr Gesprächspartner wünscht sich also, dass Sie auf den Punkt kommen. Das könnte sich wie folgt anhören:
„Ich bin der Webdesigner Ihres Anwalts. In unserem gestrigen Gespräch gab er mir den Tipp, dass ich Ihnen ein paar meiner aktuellen Arbeiten präsentiere. Er meinte, dass Sie sich gerade für einen neuen Internet-Auftritt interessieren.“

Sicherheits-Insel Nr. 3 „Vor- und Einwände“ (Weich abfedern und mit guten Formulierungen ins Gespräch kommen)
In vielen Telefonaten werden Sie erleben, dass Ihr Gesprächspartner Ihnen nicht gleich im ersten Anlauf zustimmt. Egal worum es geht, viele Menschen haben ihre eigene Geschwindigkeit, wenn es darum geht, sich eine eigene Meinung zu bilden. Vertrauen will erst aufgebaut werden. Außerdem können wir nie wissen, in welchem emotionalen Zustand sich der andere gerade befindet.

Übrigens: Vorwände sind eigentlich kleine Lügen, die es Ihnen schwer machen sollen, zum Ziel zu kommen. Hinter ihnen verbirgt sich außerdem die Angst, sich festlegen zu müssen.

Hier einige Einwände, die ja auch immer „Vorwände“ sein können. Hinter jedem Satz können Sie die Frage notieren: „Stimmt das wirklich?“

- „Ich habe keine Zeit.“
- „Ich habe kein Geld.“
- „Ich habe keinen Bedarf.“
- „Sie wollen mir nur etwas verkaufen.“
- „Daran habe ich kein Interesse.“
- „Damit habe ich schlechte Erfahrung gemacht.“
- „Sie sind schon der Fünfte, der diese Woche anruft.“

Klassische „Vor- und Einwand-Behandlung" – so geht es *nicht*

Und es gibt natürlich sehr viel mehr Vor- und Einwände; da sind wir Menschen ideenreich. Doch nun geht es darum, wie Sie zur „Vor- und Einwand-Behandlung" schreiten können. Das klingt zwar schon fast wie eine klassische Therapie, wird aber immer noch von Verkäufern genutzt, um sich selbst in die Falle des Misserfolgs zu locken. Schade um das Papier so vieler Bücher, die den Beratern und Verkäufern die Illusion erhalten, dass man Einwände mit einem cleveren Trick wie mit einem „sprachlichen" Besen ausräumen kann. „Einfach weg" mit dem, was der andere sagt – so primitiv geht das nicht. Die klassische Vor- und Einwand-Behandlung geht so vor:

„Sie wollen mir doch nur etwas verkaufen."

Antwort: „Wenn ich Ihnen nichts verkaufen will, treffen wir uns dann zu einem Kennenlern-Gespräch? Den Termin bestimmen selbstverständlich Sie. Ist es Ihnen lieber am ... oder am ...?"

Und so geht es:

Wir wollen einen Menschen gewinnen. Also werden wir ihn in jedem Telefonat ernst nehmen und erst einmal in Erfahrung bringen, was er wirklich denkt: „Herr Franck, im Mittelpunkt meines Anrufs steht einfach nur mein Angebot zur Information. Weder in diesem Telefonat noch bei unserem Termin können Sie etwas kaufen. Allerdings haben einige meiner Kunden zu mir nach dem Gespräch gesagt, sie hätten sich diesen Termin viel früher gewünscht, aufgrund der stimmigen Infos für neue Entscheidungen ..."

Sicherheits-Insel Nr. 4: „Loslassen, um neue Anziehungskraft entstehen zu lassen"

Die Bereitschaft, in manchen Situationen den anderen „loszulassen", tut einem Gespräch immer dann gut, wenn das Ziel nicht mehr erreichbar zu sein scheint: „Einverstanden, Herr Walther, dann sprechen wir gern zu einem späteren Zeitpunkt über ein persönliches Gespräch. Lassen Sie uns einfach in Kontakt bleiben. In meinem Flyer finden Sie auch meine Adressdaten. Falls Sie oder Frau Hohldorf eine Frage zu diesen Themen haben, rufen Sie mich einfach an. Ich bin gern für Sie da."

49. Und wenn der andere fragt: „Worum geht es denn nun genau?"

Ein Gesprächspartner gibt sich also nicht mit der Überschrift, mit einem Oberbegriff zufrieden. Nein, er möchte bereits eine „Detail-Absicherung" dafür, dass sich das Gespräch für ihn lohnt. Kann man nun diese Frage als Neugier, als wirkliches Interesse deuten? Nicht unbedingt. Aber genau werden wir das erst im Laufe des Telefonats wissen.

Wie kann sich nun eine Antwort auf diese „oft gefürchtete“ Frage anhören? Das hängt immer auch davon ab, welcher Natur die angebotene Verabredung sein soll. Bei reinen Verkaufsgesprächen beispielsweise kommt ein anderes Gefühl rüber als bei Vorgesprächen. Grundsätzlich ist es immer empfehlenswert, sich in die Situation des Kunden zu versetzen. Hier zwei Varianten für Sie zur Auswahl:

Beispiel 1:
„Danke für die Frage. Im Mittelpunkt steht Ihr Interesse für mehr Effektivität in der Büro-Organisation. Um ins Detail zu gehen, schlage ich ein persönliches Gespräch vor. Wollen wir uns am ... oder am ... um ... Uhr zusammensetzen?“

Beispiel 2:
„Ihr Mitarbeiter Peer Münch hat unsere Informationen für effektive Lösungen im Bereich Büro-Organisation angefordert. In einem Termin kann ich Ihnen gern innerhalb von zehn Minuten die Vorteile auch für Ihr Unternehmen aufzeigen. Sind Sie bereit, diese kurze Zeit zu investieren?“

50. Wie kann ich lernen, Ein- und Vorwände als positive Signale zu erkennen?

Einwände – auch wenn Sie diese auf Anhieb nicht so sehr schätzen mögen – können durchaus positive Signale Ihrer Mitmenschen sein. Sie sind oft sogar EINgerissene WÄNDE, die Sie herausfordern, den dahinter liegenden Weg für Ihren Verkaufserfolg frei zu machen. Hören Sie also in einem Akquise-Telefonat Ein- oder Vorwände, so dürfen Sie zu sich sagen: „Glückwunsch, mein Kunde hat Interesse.“ Er erwartet nur noch, dass Sie ihm helfen, seine Vorteile klarer zu erkennen.

Beispiel:
„Ihre Produkte sind uns nach allen Vergleichen letztendlich doch zu teuer. Unser Etat gibt das einfach nicht her.“
Eine mögliche Antwort (in Frageform): „Wie haben Sie unser Angebot mit unserem gesamten Preis-Leistungs-Verhältnis genau verglichen?“
Sie kennen vielleicht den Satz: „Wer den Preis nicht akzeptiert, hat die Leistung nicht kapiert.“ Machen Sie Ihrem Kunden deutlich, wo seine Vorteile liegen und dass diese überwiegen, wenn er sich für Ihr Angebot entscheidet: „Unser Preis beinhaltet die Wartung für die nächsten zwei Jahre. Außerdem erhalten Sie auf alle Updates einen Rabatt von 30 %.“
Preis + Service + Plusleistung ergeben den vollen Nutzen für den Kunden. Ihre Produkte und Dienstleistungen sind doch PREIS-WERT?! Nämlich ihren Preis WERT?! Und welchen Wert geben Sie sich selbst? Sind Sie WERT-voll für Ihre Kunden?

VII. Was wir uns alle wünschen: Freundlichkeit

„Ich bin in jedem Telefonat für meine Gesprächspartner ein Gewinn."

Es gibt Umfragen, was Menschen sich im Bereich Service am meisten wünschen. Die Antworten sprechen eine deutliche Sprache: „Freundlichkeit" rangiert ganz oben. Eigentlich nur zu verständlich, oder? Schließlich wünschen wir uns alle, von anderen freundlich behandelt zu werden.

51. Warum ist Freundlichkeit beim Telefonieren so wichtig?

Freundlichkeit erzeugt neue Freundlichkeit. Wenn Ihnen freundlich begegnet wird, sind Sie vermutlich auch viel eher geneigt, auf freundliche Art und Weise zu reagieren. Und dann ist es doch logisch: Je mehr Menschen andere freundlich behandeln, desto mehr Menschen kommen auch in den Genuss von positiver Energie. Oder – wie Marshall Rosenberg es sagen würde: „Wenn du Freundlichkeit willst, dann lebe selbst diese Freundlichkeit." Es kommt also nicht so sehr darauf an, was wir bekommen wollen, sondern auf das, was wir aktiv in unserer Kommunikation einsetzen. Stimmen Sie sich vor jedem Gespräch positiv ein. Lächeln Sie am Telefon, aus Freude, Ihrem Gesprächspartner einen besonderen Nutzen zu bieten. Und geben Sie auch ihm die Möglichkeit, Ihnen Gutes zu tun. Interessieren Sie sich für den anderen und seine Sichtweise. Schaffen Sie ein Win-Win-Klima.

52. Empfiehlt es sich, Freundlichkeit und gute Laune zu spielen, wie ein Schauspieler?

Bestimmt waren Sie – egal ob beruflich oder auch privat – schon mal in einer Situation, in der Sie es mit „gestellter Freundlichkeit" zu tun hatten. Wie ist es Ihnen damit ergangen? Was haben Sie von Ihrem Gegenüber gedacht? Wenn diese „Show" nicht gut bei Ihnen angekommen ist, dann stehen Sie wahrhaftig nicht allein da. Wenn Sie also mit jemandem telefonieren: Vergessen Sie jede Form von Schauspielerei. Es geht darum, authentisch zu sein. Stimmen Sie sich vor jedem Telefongespräch kurz positiv ein. Nutzen Sie die Energie Ihrer inneren Einstellung: „Ich bin ein Gewinn für jeden Kontakt. Und Jeder Kontakt bedeutet für mich Erfolg." Auch Lächeln hilft (s.o.).

Wenn es mir aber nun partout nicht gelingt, authentische positive Gefühle zu einer Gesprächssituation zu entwickeln? Wenn Sie richtig „schlecht drauf" sind, überlegen Sie, ob Sie wirklich in diesem Moment telefonieren müssen. Und wenn Sie während eines Gespräches merken, dass es Ihnen schwerfällt, freundlich zu sein oder zu bleiben, wählen Sie eher einen Ausstieg aus der Situation. Begeben Sie sich nicht auf die Theaterbühne; die können Sie getrost den echten Schauspielern überlassen.

53. Welche Auswirkungen hat Freundlichkeit am Telefon?

Freundlichkeit ist eine geistige Einstellung, die uns ganz allgemein im Leben guttut. Und wenn wir zu anderen Menschen wirklich freundlich sind, kommen wir auch selbst in den Genuss von positiver emotionaler Energie. Stellen Sie sich einmal vor, Sie schreien einen anderen Menschen an. Wie lässt sich Ihr Blick dann beschreiben? Wie hört sich Ihre Stimme an? Wie fühlt sich Ihr Körper an? Welche Stimmung beherrscht Ihr ganzes Wesen in diesem Augenblick? Meinen Sie, diese Situation tut Ihnen körperlich und seelisch gut? – Ich würde so weit gehen und behaupten: Sie schreien auch irgendetwas in sich selbst an.

Und nun erleben Sie auf Ihrer geistigen Leinwand das Gegenteil: Sie sprechen entspannt und freundlich mit Ihren Mitmenschen. Sie nehmen Anteil an dem, was andere sagen, und gewinnen Schritt für Schritt ihr Interesse. Was lässt sich jetzt über Ihre Mimik, Ihr Körpergefühl und den Klang Ihrer Stimme sagen? Wie ist Ihr allgemeines Befinden?

Gegenseitiger Respekt tut Ihnen und Ihren Gesprächspartnern gut. Sie führen Ihre Telefonate mit einem leichten Lächeln und geben sich und dem anderen dadurch positive Kraft. Sie stärken sich selbst und geben dem anderen davon ab. – Glückwunsch, Sie telefonieren erfolgreich.

54. Wie schafft man es, in jedem Telefonat motiviert und freundlich zu bleiben?

Ich weiß nicht, ob Ihnen diese Botschaft gefällt: Wir alle selbst sind verantwortlich dafür, wie wir uns fühlen. Nach dem Motto: „Wer mich ärgert, das bestimme ich selbst." Wir haben es also selbst in der Hand, welche „Macht" wir unseren Mitmenschen über unsere emotionale Situation geben oder ob wir diese selbst gestalten. Wenn jemand unser Angebot ablehnt, muss er noch längst nicht negativ gegen uns persönlich eingestellt sein. Schon gar nicht, wenn wir ihn vielleicht zum ersten Mal anrufen.

Oft reagieren wir zu schnell. In vielen Situationen können wir uns aber unsere Wahlmöglichkeiten bewusst machen, betroffen und verunsichert zu reagieren oder uns konstruktiv auf das Gespräch einzulassen. Niemand darf uns verunsichern oder in uns ein Gefühl mit schlechtem Beigeschmack erzeugen. Hier müssen wir die Verantwortung übernehmen und selbst aktiv gestalten.

In diesem Zusammenhang erweist sich eine Autosuggestion als äußerst nützlich und wegweisend: „Ich bin in jedem Telefonat für meine Gesprächspartner ein Gewinn." Wenn wir in jedem Telefonat diesen Gedanken mit Leben erfüllen, dann konzentrieren wir uns automatisch auf den Nutzen, den wir bieten. Das beginnt mit dem Respekt dem anderen gegenüber, mit Freundlichkeit ein guter Zuhörer zu sein, gute Ideen und Lösungen anzubieten und bei weniger Interesse den anderen dennoch nett zu verabschieden und ihm vielleicht noch einen sympathischen Brief zu schreiben.

VIII. Beziehungen – Sympathie – Antipathie

55. Wie kann ich das Telefon nutzen, um Beziehungen aktiv zu pflegen?

Erstellen Sie eine Liste von rund 100 Ihnen bekannten Personen und rufen Sie diese Menschen an. Sie benötigen hierfür nicht unbedingt einen besonderen Anlass. Fragen Sie einfach, was Ihren Bekannten augenblicklich wichtig ist, wie es in der Firma läuft usw. Und dann lassen Sie die anderen erzählen und interessieren sich dafür. Wenn Sie auf diese Weise den Kontakt „updaten", werden einige zurückfragen, wie es Ihnen geht. Sie könnten vorschlagen, sich wieder einmal zu treffen. So können Sie Ihre privaten Beziehungen aktiv pflegen und weiterentwickeln – und am Anfang steht ein einfaches Telefonat.

Aber auch geschäftlich lässt sich eine solche Liste produktiv einsetzen. Manch eingeschlafener Geschäftskontakt lässt sich vielleicht so reaktivieren. Klammern Sie bitte auch diejenigen nicht aus, von denen Sie vielleicht denken, sie möchten keinen Kontakt zu Ihnen oder brauchen Ihre Produkte nicht. Auch Personen, die „sowieso nie Zeit haben" oder „gegen jede Form von Networking eingestellt sind", sollten Sie auf der Liste haben.

Und wenn es bei einem Kontakt mal nicht so gut laufen sollte, lassen Sie sich davon nicht abhalten, weiter voranzugehen: Auf Ihrer Liste stehen noch viele andere Personen, bei denen es möglicherweise besser laufen wird. Und wenn Sie es nicht probieren, werden Sie das nie herausfinden ... Telefonieren Sie sich durch die Unsicherheitswolken „hindurch". Dann sind Sie auf der Sonnenseite Ihrer Kontakt-Fitness und ein echter Beziehungsprofi. Und das Beste an dieser Idee ist: Sie können sie noch heute umsetzen und ab morgen jeden Tag drei oder mehr Personen von Ihrer Liste anrufen.

56. Warum ist es wichtig, „kontakt-fit" zu werden?

Hier nun folgt ein ganz besonders wichtiger Tipp: Lassen Sie Ihre Gesprächspartner auch von sich erzählen und vertiefen Sie das Gesagte durch interessierte Nachfragen. Im selben Telefonat wird auch der andere vermutlich ein stärkeres Interesse an Ihnen entwickeln – und das kann sehr schnell dazu beitragen, bestimmte Themen und Interessen voranzubringen. Sie sind nämlich auf der Beziehungsebene einen großen Schritt weitergekommen, was sich nicht nur positiv auf das aktuelle Telefonat, sondern auch auf weiter reichende Ziele auswirken wird.

Werden Sie also „fit“ im Kontakt. Das Wort „Fitness“ bezieht sich heute längst nicht mehr ausschließlich auf den Aspekt der körperlichen Gesundheit ... Fragen Sie sich also: Sind Sie kontakt-fit im Aufbau menschlicher Verbindungen? „Fit for business” bedeutet also „Fit for relationship”, egal ob es um die inneren Kontakte in einem Unternehmen geht oder ob die externen Beziehungen zu Kunden, Lieferanten und Kooperationspartnern im Mittelpunkt stehen. Und in allen diesen Verbindungen spielt das Telefonieren eine große Rolle, als Bindeglied zwischen Briefen, Mails, Meetings und persönlichen Einzelgesprächen.

57. Was macht einen Menschen für uns sympathisch?

Das ist sicherlich eine spannende Frage für uns alle. Wir wünschen uns, auf andere sympathisch zu wirken. Lee Iacocca, einer der erfolgreichsten Manager, sagte einst, dass sein Erfolgsprinzip aus vier Wörtern besteht: „Geben, geben, geben, geben.“ Dass dieses Geben vielfach als Erfolg zu ihm zurückkehre, könne er nicht verhindern.

Folgende Elemente schaffen Sympathie: Das, was uns gleicht. Das, was uns ganz anders sein lässt. Das, was uns an andere erinnert.

Das, was uns gleicht:
Alles das, was wir an uns selber mögen, das gefällt uns auch an anderen. Das kann die gleiche Art zu sprechen sein oder gleiche Interessen. Oder man geht auf die gleiche Art und Weise mit Menschen um, betrachtet bestimmte Dinge mit Humor ...
Suchen Sie Gemeinsamkeiten, das Gleiche und Ähnliches, bei Ihren Verwandten, Freunden, Mitarbeitern, Vorgesetzten, Kunden und Kooperationspartnern. Das mag das Bild an der Wand sein, der Autotyp, eine bestimmte Information über den Urlaubsort, die Formulierung eines Ziels u.v.a.m.
Nutzen Sie für einen tiefer gehenden Kontakt immer auch die Welt der „gleichen” Art von Erleben, Erfahrungen und Visionen. Dann macht jedes Gespräch mehr Freude und hinterlässt ein gutes Gefühl. Denken Sie immer daran: Aus einem Gefühl heraus werden Entscheidungen getroffen.

Das, was uns ganz anders sein lässt:
„Gegensätze ziehen sich an“, heißt es oft so schön. Also auch das ganz andere hinterlässt eine Wirkung bei uns – weil erst durch einen deutlichen Kontrast bestimmte Merkmale hervorstechen. Nehmen wir als Beispiel Schwarz und Weiß: Weiß kommt am allerbesten vor Schwarz zur Geltung und umgekehrt. Das eine kann ohne das andere keine sichtbare Wirkung erzielen. Aber Gegensätze ergänzen sich

oft gut: Woran es dem einen mangelt, davon hat der andere mehr als genug. So kann ein neues Ganzes entstehen.
Wir brauchen keine Angst vor Gesprächen mit Andersdenkenden zu haben, wenn wir wirklich neugierig auf ihr Anders-Sein sind und die Unterschiede nutzen, um unseren Horizont zu erweitern. Wir haben oft ein gutes Gefühl, wenn wir einen Menschen kennenlernen, dessen Stärken zu unseren Schwächen und unsere Stärken zu seinen Schwächen passen. Dies zu nutzen ist ein Stück Klugheit, vielleicht sogar Weisheit. Auf dieser Basis entstehen viele erfolgreiche Kooperationen.

Das, was uns an andere erinnert:
Wir erleben immer wieder menschliche Begegnungen, die wir als besonders harmonisch, interessant oder „sympathisch" einordnen – als würde man sich schon viel länger kennen. Dieses Gefühl tut uns gut. Wir er-kennen einen bestimmten Aspekt dieser fremden Person wieder, erinnern uns vielleicht an das Lächeln eines entfernten Verwandten. Oder die Stimme klingt wie die eines Moderators, den wir sehr schätzen, oder das Funkeln der Augen weckt die Erinnerung an jemanden, der in uns positive Emotionen erzeugt hat.
Versuchen Sie herauszufinden, wer Sie an wen erinnert, und nutzen Sie diese Energien in jedem Gedankenaustausch für sich selbst und für den anderen, durch die Vertiefung des Kontaktes. Mensch, wenn er uns guttut, in welcher Form auch immer, dann kann das richtig guttun.

58. Was macht Menschen für uns unsympathisch?

Wir empfinden Menschen oft als unsympathisch, wenn wir an ihnen eine Verhaltensweise oder Äußerlichkeit wahrnehmen, die wir an uns selbst nicht leiden können. Dann spiegeln unsere Mitmenschen die Seite(n) von uns – Stimme, Ausdrucksweise, die Eigenheit, Dinge in die Länge ziehen usw. –, die wir vielleicht lieber verdrängen oder radikal ablehnen.

Besonders beim Telefonieren wird Antipathie durch das in uns hervorgerufen, was uns ähnlicher ist, als wir selbst wahrhaben wollen. Jemand erlaubt sich, was ich mir nicht gestatte – beispielsweise klare oder sogar harte Worte zu verwenden – und derjenige hat damit auch noch Erfolg. Da verwandelt sich das eigene Wohlwollen oft schnell in Antipathie. Gegensätze ziehen sich nur an, solange das Gegensätzliche eine willkommene Ergänzung für uns darstellt. Wenn uns der Gegensatz infrage stellt, kommt meist Antipathie heraus, die oft zu unüberbrückbaren Gegensätzen führt. Bis hin zur Umweg-Kommunikation, sodass nur noch über Dritte gesprochen oder telefoniert wird. Der direkte Kontakt wird möglichst vermieden. So kann es auch vorkommen, dass der Hörer einfach aufgelegt wird, wenn eine bestimmte Nummer auf dem Display erscheint.

Manche Person, die wir nicht mögen, „bestrafen" wir mit Antipathie, weil sie uns negativ an jemand anders erinnert. Mitmenschen, die uns in unserer Wahrnehmung „verletzt", „betrogen" oder sogar „blamiert" haben, geben wir so die Macht, in uns lebendig zu bleiben. Als Teilaspekt wird diese negative Erinnerung auf andere projiziert – oft unbewusst und in Sekundenschnelle.

59. Wie kommt man aus der Sympathie / Antipathie-Falle heraus?

Geben Sie sich selbst und jedem anderen Menschen eine volle Chance zum Aufbau einer sich gegenseitig bereichernden Beziehung. Wenn wir nur mit den Menschen freundlich umgehen, die wir vom ersten Augenblick als sehr sympathisch empfinden, kann unser Kontaktnetz ganz schnell zu klein werden.

Ob im Direktkontakt oder am Telefon: Gehen Sie aktiv auf Menschen zu und erfüllen Sie jedes Gespräch mit Ihrer Persönlichkeit und mit Ihrer Neugier, den anderen „neu" zu entdecken. So öffnen Sie die Tür für wirkliche Wunder.

60. Wie können Telefonate den Aufbau von Beziehungen unterstützen?

Wir brauchen zunächst eine „Beziehung vor der eigentlichen Beziehung" – quasi als ersten Schritt zu mehr Kontakt. Und dabei können uns Telefongespräche sehr gut unterstützen. Natürlich können auch Mails, Briefe oder Faxnachrichten diese Funktion, auch in Ergänzung, gut erfüllen.

Haben Sie sich bereits einen Namen gemacht? Strahlen die Menschen, die Ihren Namen am Telefon hören oder in einem Brief lesen, vor Begeisterung? Die Gunst der Gegenwart fordert uns heraus, dafür zu sorgen, dass uns viele Mitmenschen (und auch Kundengruppen) direkt und aktiv, auch im Internet, finden können, weil sie viel Positives von uns gehört und gelesen haben. Sie verspüren einfach den Wunsch, uns und unsere Leistungen näher kennenzulernen.

Viele Berater und Verkäufer haben sich selbst in meinen Telefontrainings erlebt und ihre eigene Stimme gehört. Vielleicht war das die wichtigste Erfahrung. Vorher dachten sie vielleicht, dass sie freundlich und verbindlich klingen. Doch dann kam ans Tageslicht, dass sie mit Druck und „Hardselling-Bandagen" auf ihre Telefonpartner einschlagen. – Im zweiten Anlauf hört es sich meistens viel besser an ...

Ein Telefonat im Bereich Beziehungsaufbau braucht immer einen nächsten Schritt. Definieren Sie vor diesen Telefonaten, wie es weitergehen soll. Denken Sie über einen Brief, eine Mail, eine Einladung zur Veranstaltung oder einen persönlichen Termin nach. Auf jeden Fall ist es die Aufgabe, die Beziehung lebendig zu halten und sie aktiv zu führen.

61. Wie startet man immer positiv und mit Vorbildcharakter?

Aus dem Sport wissen wir von der Bedeutung des Starts. Oft ist entscheidend, wie schnell man aus den Startlöchern herauskommt. Wenn der Beginn gut gelingt, wachsen die Chancen, dass es auf der weiteren Strecke gut laufen wird.

Diese Gesetzmäßigkeiten gelten auch für das Telefonieren. Geben Sie gleich zu Beginn Ihrer Telefonate durch Ihre Art des Beziehungsmanagements Ihre Persönlichkeit zu erkennen. Was beim Sport die Geschwindigkeit beim Start, ist beim Telefonieren die stimmliche Qualität, mit ein paar positiven Formulierungen als Starthilfe. Bereichern Sie jedes Telefonat gleich zu Beginn mit der „telefonischen Visitenkarte“ (siehe Kapitel XII) und kombinieren Sie Leichtigkeit mit Freundlichkeit. Auf diese Weise nutzen Sie Ihren professionellen Vorteil in jedem Telefongespräch.

62. Wie kann ich am Telefon die Sachebene mit mehr Emotionen anreichern, wenn es um die Vereinbarung eines Termins geht?

Unser professionelles Ziel ist es, dem Kunden in Kurzform zu sagen, worum es in unserem persönlichen Gespräch gehen soll. Er weiß in diesem Augenblick des Telefonats meistens noch nicht einmal, dass im Mittelpunkt unserer Bemühungen der persönliche Gesprächstermin bzw. das Avisieren unserer Info-Unterlagen steht.

Meistens liefert uns unser Gesprächspartner eine perfekte Vorlage und fragt: „Worum geht es denn?“ Das ist für uns eine gute Möglichkeit, ihm in kurzer Zeit einige Impulse zu geben, die ihn neugierig machen. Nicht mehr. Aber auch nicht weniger.

Dies tun wir, indem wir die Beziehungsebene mit einem aktuellen Sachbezug kombinieren. Das bedeutet, dass Sie mit einem Aufhänger und Ihrer persönlichen emotionalen Stärke und Kompetenz zum aktiven Gestalter jedes Ihrer Telefon-Gespräche werden.

Beispiel 1:
Berater: „Ihr Freund Peter Meyer meinte in einem unserer letzten Gespräche, dass auch Sie sich für ABC interessieren. Und da kam ich auf die Idee, Sie kurz anzurufen. Möchten Sie unsere Info-Unterlagen zum Thema ABC und die darin enthaltenen Tipps für Ihr Unternehmen nutzen?“
Kunde: „Um was geht es da genau?”
Berater: „Welcher Aspekt im Bereich ABC interessiert Sie denn besonders?”

Beispiel 2:
Berater: „Wissen Sie, welche optimalen Vorteile wir Ihnen zu diesem Thema bieten können?“

Beispiel 3:
Berater: „Ich bin der persönliche Ansprechpartner von Herrn Sengelmann ...“
Danach wecken Sie sein mögliches Interesse zum Thema ABC:

„Als Berater der Firma Technik GmbH helfe ich unseren Kunden, Ihre ABC-Ziele schneller und vor allem sicher zu erreichen."
Oder: „Es geht um einen Termin über aktuelle Aspekte zum Thema ABC und Ihre unternehmerischen Vorteile. Unser Ziel ist, dass Sie Ihre Ziele im Bereich ABC sicher erreichen."

63. Was kann ich schon beim ersten Telefonat über einen Menschen in Erfahrung bringen?

Sie können eine Menge über einen Anrufer erfahren, wenn Sie wirklich aufmerksam sind, genau zuhören und Ihre Wahrnehmung am Telefon weiterentwickeln. Allein herauszufinden, ob der auditive Eingangskanal „Ohr" der bevorzugte Weg eines Anrufers ist, kann eine wertvolle Information sein. Telefoniert er gerne? Dann können Sie auch zwischendurch immer wieder kurz anrufen. Mag oder kann er sich nicht so gut am Telefon verständigen, sind Sie gut beraten, auch Mails oder Briefe einzusetzen, um seine Aufmerksamkeit zu gewinnen.

Beispiel:
„Das klingt zwar gut, was Sie sagen. Aber jetzt mal ehrlich, wie sieht es mit den monatlichen Raten aus? Dazu habe ich noch kein Gefühl."
Hier sind alle drei Wahrnehmungs-Varianten vorhanden: auditiv („klingt"), visuell („sieht") und kinästhetisch („Gefühl"). Es gibt Menschen, die sich in allen drei Bereichen zu Hause fühlen. Sie können sich alles gut vorstellen, was sich super anhört, und haben auch schnell gefühlsmäßig Zugang. Bei vielen Personen wiederum sind einzelne Kanäle stärker ausgeprägt als bei anderen

Wenn wir diese Sprachmuster erkennen, können wir sie nutzen, indem wir einem Gesprächspartner Formulierungen seines Lieblingskanals anbieten.

Auditiv:
„Das *hört* sich für mich kompliziert an."
„Ich kann Sie gut *verstehen*. Das ging mir zuerst ebenso."

Visuell:
„Aber bei genauer *Betrachtung* erkannte ich ..."
„So etwas habe ich noch nie *gesehen*."
Das kann ich mir gut *vorstellen*, das erleben viele so und sind immer wieder aufs Neue begeistert, wenn dann ..."

Kinästhetisch:
„Also mein *Gefühl* sagt mir im Augenblick eher Nein."
„Das kann ich spontan *nachempfinden*. Und genau dafür habe ich Ihnen etwas mitgebracht, dass Sie hier einmal ..."

IX. Ihre Stimme zeigt, in welcher Stimmung Sie sind

Ob wir erfolgreich im Leben sind, hängt zum größten Teil von unserem kommunikativen Verhalten ab und von unserer Wirkung auf andere. Wir wirken jedoch nicht in erster Linie durch Sachinformationen (durch den *Inhalt* unserer Worte), sondern hauptsächlich durch von uns hervorgerufene Stimmungen. Diese entstehen in erster Linie durch nonverbales Verhalten: Körpersprache, Mimik, Gestik und Augenkontakt. Und auch andere äußere Faktoren, z. B. unser Outfit oder die Erscheinungsform präsentierter Unterlagen, setzen in anderen Menschen Emotionen frei und beeinflussen ihre Entscheidungen. Und: Ein ganz wesentlicher emotionaler „Stimmungsfaktor" ist unsere Stimme.

Die folgende Zusammenfassung zeigt sehr gut, in welchem Umfang die eben angesprochenen Faktoren an unserer Außenwirkung beteiligt sind. Diese entsteht:

- zu 7 % durch unsere Worte,
- zu 38 % durch unsere Stimme und
- zu 55 % durch unsere nonverbale Kommunikation.

Beim Telefonieren verändern sich diese Werte, bedingt durch die Tatsache, dass die nonverbale Wirkung über die Stimme transportiert wird. Psychologen gehen davon aus, dass die Wirkung der **Stimme** in Telefonaten bis zu **85 %** in den emotionalen Entscheidungsprozess eingreift und die **Worte** noch mit circa **15 %** beteiligt sind.

64. Was verrät unsere Stimme am Telefon?

Unsere Stimme bringt unsere innere Befindlichkeit an den Tag; ihr Klang spiegelt unsere Stimmung und transportiert sie zu unseren Mitmenschen. Ganz besonders natürlich am Telefon. Manchmal reicht es, dass jemand seinen Namen sagt, und sofort bekommen wir ein Gefühl dafür, wie es ihm geht. Und selbst wenn er auf Nachfrage noch so vehement behauptet, es ginge ihm gut: Die Stimmung seiner Stimme erzählt eine ganz andere Geschichte.

Hier eine Übung, wie Sie selbst diesen Effekt nutzen können:
Sprechen Sie allein im Büro oder Wohnzimmer zu sich selbst und zeichnen Sie dieses Gespräch auf. Das muss nicht lang sein, zwei bis drei Minuten reichen vollkommen aus. Dann spielen Sie Ihre Aufnahme ab und lauschen mit großen Ohren Ihren Worten und Ihrer Stimme. Sie werden sehr überrascht sein, was sich Ihnen darbietet.

65. Wie gehe ich mit Stimmungen am Telefon um?

Verrät Ihr Gesprächspartner über seine Sprache eine schlechte, negative Stimmung, müssen Sie aufpassen: Geben Sie niemals einem anderen Menschen Macht über Ihre Stimmung. Wenn Sie merken, dass Sie sich nicht abgrenzen können und selbst in den negativen Strudel hineingezogen werden, versuchen Sie einen freundlichen, aber bestimmten Ausstieg aus dem Telefonat:

„Wissen Sie, Herr Schneider, heute bin ich echt etwas gestresst, können wir morgen Vormittag wegen des neuen Vertrags telefonieren? Bei mir steht heute so viel auf dem Programm."

Eine Ausnahme in puncto Stimmungen gibt es allerdings: Wenn Ihr Gesprächspartner noch besser drauf ist als Sie selbst. Dann dürfen Sie sich gern von ihr oder ihm positiv „anstecken" lassen.

66. Wie schaffe ich es, dass meine Stimme angenehm klingt?

Stimme und Stimmung gehören eng zusammen, wie ein Ehepaar, das sich im Streit befindet oder harmonisch ergänzt. Wenn Sie innerlich in Disharmonie sind, dann wird sich Ihre Stimme dieser Qualität entsprechend anhören. Sprechen Sie deshalb ruhig und freundlich. Üben Sie vor dem Spiegel, damit Sie erkennen, welches Gesicht Sie Ihren Gesprächspartnern zumuten. Und zeichnen Sie Ihre Übungen (Bild und Ton) auf, um sich selbst immer wieder zu kontrollieren und zu verbessern. Fragen Sie auch andere Menschen, deren Urteil Sie vertrauen. Und wenn Sie über den Zusammenhang von Stimme und Stimmung nachdenken, dann fällt Ihnen vielleicht auf, dass Ihnen Gesprächspartner gelegentlich sagen:

„Was ist los? Erzählen Sie!" – Was „übersetzt" bedeutet: „Sie klingen heute richtig super. Ihnen muss doch was Tolles passiert sein!" Aber im negativen Fall werden Sie die gleichen Worte empfangen. Nur mit einer negativen Ausdrucksweise. Und dann spüren Sie schnell, dass irgendetwas nicht stimmig ist.

67. Welchen Zusammenhang gibt es zwischen Worten, Stimme und Entscheidungen?

Unsere Worte werden mittels unserer Stimme in das Ohr unserer Mitmenschen transportiert. Von dort gelangen sie ins Gehirn und erzeugen Bilder auf der geistigen Leinwand. Diese Bilder lösen Emotionen aus – und Emotionen sind die Vorstufe für unsere Entscheidungen. Diesen Ablauf wollen wir uns einmal genauer anschauen. Und zwar tun wir es in umgekehrter Reihenfolge und beginnen mit den Entscheidungen, die wir uns wünschen. Wir können nicht einseitig festlegen, welche Entscheidungen getroffen werden. Vielmehr müssen bei unserem Gesprächspartner bestimmte Reflexions-Prozesse ablaufen, aus denen heraus er seine ganz eigenen Entscheidungen trifft. Alles, was wir tun können, ist: Wir rufen bei ihm Emotionen hervor, die ihn für bestimmte Entscheidungen gewogen machen. Und wie machen wir das? Mit unseren Worten, mit unserer Stimme ermöglichen wir ihm, bestimmte Bilder und Eindrücke zu erleben.

Wenn Bilder und Emotionen stark genug sind, kann sehr schnell entschieden werden – dagegen oder dafür. Wesentlich ist jedoch, dass wir mithilfe unserer Kommunikation unseren Mitmenschen helfen, eine eigene Entscheidung zu treffen.

Beispiel:
„Herr Wellmann, ich nenne Ihnen gerne ein paar Details, damit Sie sich selbst überzeugen können, welche Vorteile Ihnen unser neues Programm bietet. Und dann können wir beide sehr schnell erkennen, was Ihnen am wichtigsten dabei ist. Viele meiner Kunden sagten im Nachhinein, es sei genau das, was sie sich schon immer gewünscht hätten. Wollen Sie vielleicht zuerst einen Blick in unseren Film werfen? Dann erhalten Sie einen konkreten Überblick über unser Programm. Ich kann Ihnen eine DVD zusenden oder Ihnen die Datei auch per Mail schicken. Was ist Ihnen lieber?“

68. Wird unsere Persönlichkeit über unsere Stimme hörbar?

Unsere Stimme verrät unseren psychischen Zustand. Wenn jemand nicht gut drauf ist, kann man das sofort hören. Viele Leute rufen von unterwegs zu Hause an, wollen nur wissen, ob alles in Ordnung ist. Und dann sagt jemand am anderen Ende: „Alles okay soweit.“ Aber wie er es sagt, führt den Anrufer zur weiteren Frage: „Was ist los? Was ist passiert?“

Unsere Persönlichkeit, unsere innere Stimmung, unsere Meinung und Motivation ... Alles können wir über die Stimme wahrnehmen. Wenn jemand zu stark fixiert ist auf das, was er mit Worten sagen möchte, gehen diese feinen Informationen an ihm vorbei. Man nennt das auch Oberflächlichkeit. Unsere Persönlichkeit wird über unsere Stimme intensiv hörbar und erfahrbar. Achten Sie auf Ihre Stimme und Sie geben Acht auf Ihre Persönlichkeit. Fördern Sie Ihre Persönlichkeit und Sie stärken den Ausdruck Ihrer Stimme.

69. Kann man seine Telefonstimme wirklich verändern? – Kommt man da nicht an die Grenzen des Machbaren?

Mit dieser Frage betreten wir nun das Land „Die Magie der Stimme". In meinem Hör-Buch „Menschen gewinnen per Telefon" wird genau beschrieben, wie man mit seiner Stimme arbeiten kann, um sich mit der Audio-Aufzeichnung seiner Sprache in zwei Bereichen weiterzuentwickeln. Es geht um die Tonlage und die Aussprache. Das Stimmtraining von Nikolaus B. Enkelmann ist weltbekannt und hat schon bei wirklich „aussichtslosen Fällen" wunderbare Ergebnisse gebracht. Das Wichtigste für das Training der eigenen Stimme ist, täglich viel zu telefonieren, um Schwächen zu schwächen und Stärken weiter zu stärken.

Um seine Stimme noch bewusster wahrzunehmen und zu kontrollieren, können Sie mit folgender Checkliste arbeiten, die für viele Enkelmann-Fans zum Bestandteil des Selbst-Coachings geworden ist. Kreuzen Sie in der folgenden Liste an, was auf Ihre Stimme zutrifft:

Meine Stimme ...
- ❑ neigt dazu, in bestimmten Situationen zu laut zu sein
- ❑ klingt durchschnittlich und / oder gewöhnlich
- ❑ klingt unangenehm hoch
- ❑ klingt schroff, schrill oder unstet
- ❑ ist eine Flüsterstimme
- ❑ klingt zu tief
- ❑ klingt verkrampft und wie unter Druck
- ❑ neigt dazu, schwach und unhörbar zu sein
- ❑ ist dem, was sie ausdrückt, angemessen
- ❑ klingt voll und entspannt
- ❑ klingt lebhaft und ausdrucksvoll
- ❑ ist klar, deutlich und lebendig
- ❑ anderes ....

Der erste Schritt zu einer positiv wirkenden Stimme beginnt, wie in vielen Lebensbereichen, mit einer Bestandsaufnahme. Wenn Ihre Stimme zu hoch und piepsig klingt, dann trainieren Sie Resonanz. Zu zeigen, wie genau das geht, ist über ein Buch schwer zu leisten. Aber dafür gibt es die Möglichkeit, mir eine Mail zu schreiben, damit ich Sie anrufen kann. Sie können in jedem Fall mit Übungen und täglichem Einsatz Ihre Stimme weiterentwickeln und schließlich für noch erfolgreicheres Telefonieren einsetzen. Beginnen Sie am besten noch heute Ihren Selbstlern- und Selbsttrainings-Prozess.

X. Nützliches Handwerkszeug sowie Mythen, Irrtümer und alte Zöpfe

70. Was ist von Leitfäden zu halten? – Brauchen wir überhaupt welche?

Wie heißt es so schön in der Medizin: „Wer heilt, der hat recht.“ Also gibt es viele Wege zu persönlichen Bestleistungen und privaten sowie unternehmerischen Erfolgen. Wie in unserem deutschsprachigen Raum telefoniert wird und vor allem wie man es den Menschen teilweise beigebracht hat, verdirbt sehr oft den Appetit und die Vorfreude auf ein Telefonat. Alte verstaubte Leitfäden werden wie „heilige Kühe“ gehütet und bringen immer mehr Leid unter die Menschen.

Zum Teil mag das an großer Fantasielosigkeit liegen, aber auch die weitverbreitete Angst spielt eine Rolle. Vielen Menschen fällt es schwer, sich auf Neues einzulassen. Also halten Sie lieber an den alten – wenn vielleicht auch nicht ganz so bewährten – Zöpfen und Rezepten fest. Nach dem Motto: „Ich bin eben so. Und so telefoniere ich auch, weil ich eben so bin, wie ich bin.“ Wenn das Neue soooo gefährlich ist, dann man immer weiter so, wie im alten „Beipackzettel“ vorgeschrieben.

Hier ein Beispiel:
„Marion Paulsen.“
Der Anrufer: „Guten Tag, spreche ich mit Marion Paulsen persönlich?“

Das ist eine einzige Katastrophe. In einem Seminar mit Kunden und Mitarbeitern eines Unternehmens haben wir auch aktiv trainiert, also Telefongespräche im Training aufgezeichnet und zur besseren Wahrnehmung dann abgespielt. Die Kunden sprachen sich sehr negativ über die Vorgehensweisen aus, die ihnen in den letzten 30 Jahren immer wieder ins Ohr „gestopft“ wurden. Wir haben deshalb eine neue Basis des gegenseitigen Respekts gefunden und neue Sprachmuster eingesetzt. So sagt man heute nicht mehr: „Ich *soll* Ihnen einen schönen Gruß ausrichten.“ Umgangssprachlich sprechen wir eher so: „Übrigens, schönen Gruß von Ihrem Kollegen Peter Lustig.“ Mit Umgangssprache wirken wir nicht „gestelzt“ und kommen einfacher und besser bei unseren Mitmenschen an.

71. Ich fühle mich immer noch unsicher bei geschäftlichen Telefonaten. Macht ein Leitfaden nicht doch vielleicht Sinn?

Über die letzten 40 Jahre hat sich zum Thema Telefonieren einiges an „Müll" angesammelt. So hielt man mal sehr viel davon, seitenweise vorformulierte Sätze zu verfassen. Diese mussten dann möglichst auswendig gelernt werden. Hatten die Anrufenden sie noch nicht intus, sollten sie zumindest ablesen. Was den Angerufenen somit präsentiert wurde, hatte mit Dialog nichts zu tun. Über diese Einbahnstraße sollten Gesprächspartner strategisch „benutzt" wurden, um ein direkt definiertes Ziel zu erreichen, z. B. eine Terminvereinbarung oder eine Kaufentscheidung. Aber so richtig Freude und Begeisterung wollte bei dieser inzwischen veralteten Herangehensweise nie aufkommen.

Inzwischen hat sich die Erkenntnis breit gemacht, dass ein wirklicher Dialog nicht mit standardisierten, vorformulierten Sätzen zu erreichen ist. Der Gesprächspartner am anderen Ende der Leitung soll sich schließlich ernst genommen fühlen – und hierfür braucht es eine lebendige Sprache, eine persönliche Ansprache, eine am Dialog orientierte gleichberechtigte Art der Kommunikation. Also lesen Sie bitte keine vorformulierten Texte vom Bildschirm ab. Arbeiten Sie stattdessen mit bildhaften Schlüsselbegriffen und bauen diese in Ihre ganz normale und natürliche Art des Sprechens ein. Dann sind Sie authentisch und als Persönlichkeit stimmig.

72. Mit welchen Mythen zum Thema Telefonieren sollten wir aufräumen?

„Erfolg ist, was wir täglich tun." Nur mit Taten erreichen wir unsere Ziele. Als Trainer und Autor arbeite ich seit vielen Jahren auch für Unternehmen, die das Network-Marketing als Vertriebsweg für sich entdeckt haben. In unzähligen Telefontrainings habe ich mit den Teilnehmern äußerst wirksame Vorgehensweisen entwickelt, die diese rasch umsetzen konnten – mit großem Erfolg.

Neues zu lernen und erfolgreich umzusetzen ist die eine Seite der Medaille. Leider gibt es auch immer etwas zu „ent-lernen". Nicht selten haben die Teilnehmer sich Vorgehensweisen angeeignet oder sitzen falschen Mythen auf, durch die sie auf die falsche Bahn in Richtung Misserfolg gesteuert werden. Um solche Kardinalfehler soll es im Folgenden gehen.

73. Kann ich das Wort „ich" in einem Telefonat verwenden? Dann wirke ich doch zu selbstbezogen!

Ein nur schwer auszurottender Mythos lautet: „Man soll nicht das Wort ‚ich' im Telefonat verwenden."

Ganz im Gegenteil – meine ich: Ich-Botschaften sind die wichtigsten und wertvollsten Aussagen in einem Telefonat. Nur wenn wir das Wort „ich“ verwenden, beziehen wir konkret und persönlich Stellung und schaffen Vertrauen. Ich-Aussagen klingen selbstbewusst und verbindlich. Mit diesem Wort legen wir uns fest und geben dem anderen ein positives Signal.

Das heißt im Umkehrschluss nun nicht, dass wir jeden Satz mit „ich“ beginnen sollten. Eine Ich-Aussage passt aber immer dann, wenn wir bei einem Gesprächspartner ein gutes Gefühl der Stimmigkeit und Verlässlichkeit erzeugen wollen.

Negative Beispiele:
„Das wird für Sie erledigt.“ (Wer erledigt das?)
„Das gilt für Sie als Versprechen.“ (Wer verspricht es?)

Positive Beispiele:
„Gleich morgen früh erledige ich das für Sie.“
„Das verspreche ich Ihnen.“

74. Wie soll ich meinem Gesprächspartner deutlich machen, wie wichtig mein Anruft ist?

Wir sind alle sehr beschäftigt und entsprechend schwierig kann es sein, die Aufmerksamkeit eines Gesprächspartners zu gewinnen und ihn davon zu überzeugen, dass es sich für ihn lohnt, am Apparat zu bleiben. Also lautet eine weitere „mythische“ These: „Am Anfang ist unbedingt die Wichtigkeit eines Anrufes zu betonen.“

Die Wichtigkeit einer Information / eines Anrufes bezieht sich auf die Inhalte, die kommuniziert werden sollen, auf die Sachebene. Psychologen und Kommunikationswissenschaftler sind sich jedoch einig, dass zuerst die Beziehungsebene aufgebaut werden muss, um zufriedenstellende Ergebnisse auf der Sachebene überhaupt erzielen zu können. Auch wenn Sie dafür oft nur Sekunden zur Verfügung haben: Geben Sie am Telefon zunächst der Verbindung eine Chance, damit sich ein gutes Gespräch entwickeln kann. Bereits durch einen kleinen emotionalen Einstieg fühlt der andere sich wesentlich persönlicher und positiver von Ihnen angesprochen.

Negatives Beispiel:
„Guten Tag, Herr Müller, dieser Anruf hat einen besonderen und wichtigen Grund …“

Bei einigen Tests haben die Angerufenen an dieser Stelle gleich gefragt: „Was um Himmels willen ist denn passiert?“ Sie haben in einem solchen Fall vielleicht die Aufmerksamkeit Ihres Gesprächspartners. Aber er ist alarmiert – was meistens eine Form von Abwehr erzeugt. Und so werden Sie kaum erreichen, dass er empfänglich ist für die Dinge, die Sie ihm mitteilen möchten.

Positives Beispiel:
„Guten Tag, Herr Müller, ich bin Roland Arndt. Herr Neubauer aus Ihrer Werbeabteilung hat angeregt, dass wir über Ihr neues Projekt Qualitätsmanagement miteinander telefonieren. Haben Sie einen kleinen Augenblick Zeit?"

In diesem Beispiel wird über den Namen des Kollegen gleich eine Verbindung geschaffen. Und selbst wenn Herr Müller im Moment keine Zeit hat und lieber zu einem späteren Zeitpunkt über das Projekt sprechen möchte: Sie haben bei ihm einen Fuß in der Tür.

75. Wann ist eigentlich erfahrungsgemäß die beste Uhrzeit zum Telefonieren?

Viele Menschen telefonieren abends sehr spät, manchmal sogar bis tief in die Nacht hinein. Ihnen ist vielleicht langweilig oder sie fühlen sich allein und rufen einen Freund oder eine Freundin an. Wenn beide „Nacht-Eulen" sind, dann ist das im privaten Rahmen völlig o.k.

Ansonsten liegen wir mit unserem Zeitpunkt für einen Anruf immer gut, wenn wir vorher mit der Person selbst darüber gesprochen haben oder uns eine Empfehlung eingeholt haben: „Geben Sie mir bitte noch einen Tipp, wann ich Herrn Schulz am besten erreichen kann."

Meinen Seminarteilnehmern lege ich oft nahe, dass sie am Vormittag bestimmte Leute sehr gut erreichen können. Wenn das sich nicht bestätigt, kommt es eben auf einen Versuch an, ob Nachmittag oder Abend besser funktionieren.

Die beste Lösung scheint mir der Telefontermin zu sein: Man kann ihn sich eintragen und zuverlässig realisieren.

76. Ist es ratsam, Kunden, die ich innerhalb der Woche nicht erreiche, am Sonntag anzurufen?

Wenn Sie mit Ihrem Kunden vorher abgeklärt haben, dass Sie ihn bei bestimmten Angeboten oder Chancen für befristete Angebote auch am Wochenende oder sogar sonntags anrufen dürfen, liegen Sie mit einem solchen Anruf innerhalb der Absprachen. Für viele Menschen ist jedoch der Sonntag „heilig", als rein private und persönliche Zeit. Diese Personen könnten gereizt oder auch ungehalten bei telefonischen „Störungen" reagieren.

Gute Abstimmung ist also hier der Königsweg. Haben Sie einen Kunden neu gewonnen, nutzen Sie doch einfach die Gelegenheit, ihn kurz zu befragen, auf welchem Weg und zu welchen Zeiten er Ihre Informationen bzw. Ihren Service wünscht: „Frau Bahnsen, möchten Sie unsere News mit praktischen Tipps gern mit der Post oder als Mail mit einer PDF-Anlage erhalten? Und wenn sich eine optimale Gelegenheit ergibt, die ein kurzes Telefonat am Wochenende erfordert, kann ich Sie dann auch ausnahmsweise einmal an einem Sonntag erreichen?"

77. Machen Telefon-Workshops wirklich Sinn?

Heute werden in Trainings teilweise Vorgehensweisen angeboten, die kaum Sinn machen. Man ist auf der Suche nach einem „cleveren Trick", Menschen zu überzeugen. Doch diesen Trick gibt es nicht. Es gibt allerdings eine „Eintrittskarte" für gute Kontakte, Beziehungen und berufliche wie auch private Erfolge. Und das sind für mich ein von gegenseitiger Wertschätzung geprägtes Menschenbild und die Idee, dass wir einander ergänzen, um den erfolgreichen Weg in eine gemeinsame Zukunft zu finden.

Ein Training ist dann gut, wenn jeder einzelne Teilnehmer sich selbst in seinem Verhalten am Telefon begegnet. Er hört nach Audio-Aufzeichnungen seine eigene Stimme. Viele praktische Beispiele sind in Telefondialogen enthalten, die eine spontane innere Zustimmung und / oder sogar einen direkten Lernprozess auslösen. Die Verständnisebene der Teilnehmer für sich selbst und andere ist mein Ziel. Die innere Einstellung, das Telefon als Freund zu entdecken und mit jedem (Telefon)-Gespräch etwas zu gewinnen. Entweder ich erreiche mein (Teil)-Ziel, oder ich gewinne eine neue wichtige Erfahrung und werde jeden Tag ein wenig besser.

78. Macht es Sinn, Listen zu führen und diese abzutelefonieren?

Listen machen immer Sinn. Optimal ist es, wenn Sie für jedes Projekt, jeden Aufgabenbereich eine eigene Liste führen. Dann wird für jeden einzelnen das Potenzial sichtbar und es fällt Ihnen leichter, Prioritäten zu setzen und Reihenfolgen festzulegen.

Beispiel:
Liste 1: Welche Telefonate sind heute wichtig, um die Reisevorbereitungen für die nächste Woche zu organisieren?
Liste 2: Wen rufe ich heute an, um die Präsentationen für den nächsten Monat abzuklären?
Liste 3: Wen rufe ich heute an, um einfach einmal „hallo" zu sagen, weil wir uns lange nicht gesprochen haben?
Liste 4: Welche Telefonate sind heute wichtig, um unsere drei Top-Projekte zum Erfolg zu führen?

Am Ende des Tages sehen Sie es schwarz auf weiß oder in Ihrem PC, wie weit Sie mit Ihren Listen gekommen sind. Viele Teilnehmer meiner Seminare arbeiten sehr erfolgreich mit Listen. Probieren Sie es doch einfach – und vielleicht erweist sich dieser Tipp für Sie als ein guter Tipp.

79. Wie bespreche ich am besten meinen Anrufbeantworter?

Auch wenn wir „ständige Erreichbarkeit" für noch so wichtig halten: Wir können dieses Ziel niemals vollständig erreichen. Und das ist auch gar nicht nötig. Wer immer erreichbar sein will: Wann arbeitet derjenige wirklich konzentriert? Oder schläft er niemals tief und fest? Also schalten wir einen Anrufbeantworter zwischen uns und diejenigen, die uns während unserer Abwesenheit anrufen wollen, um zurückzurufen, wenn es uns wieder möglich ist.

Doch welchen Ansagetext sprechen wir auf den AB? Dass dieser Anschluss zurzeit nicht besetzt ist, interessiert nicht sonderlich, denn das hat der Anrufer ziemlich schnell spitz bekommen, kurz nachdem das Band angesprungen ist.

Was also will der Anrufer wissen? – Wann er uns erreichen kann.

Beispiel 1:
„Guten Tag, hier spricht Petra Köhler. Schön, dass Sie anrufen. Sprechen Sie gern nach dem Signalton Ihren Namen und Ihre Telefonnummer auf das Band. Dann kann ich mich so schnell wie möglich bei Ihnen melden. Vielen Dank und bis später." – Piep –
In nur 15 Sekunden ist alles gesagt, um das es geht. Und es besteht die Möglichkeit, ganz entspannt seine Botschaft zu hinterlassen.

Beispiel 2:
„Marion Freundt, Dafür-Vertrieb, guten Tag. Schön, dass Sie anrufen. Sie erreichen mich telefonisch täglich von 10.00 bis 12.30. Sie können mir aber gern eine Nachricht auf das Band sprechen. Ich rufe Sie dann schnellstmöglich zurück. Vielen Dank und noch einen schönen Tag." – Piep –
Auch hier ist in Kürze alles gesagt. Die festen Bürozeiten bilden das Grundgerüst für die Erreichbarkeit. Und als Anrufer erfährt man, dass es einen Rückruf-Service gibt, wenn man eine Info auf den AB spricht.

Beispiel 3:
Sie können sich natürlich noch eine Information vom Anrufer wünschen und zwar wann er am besten erreichbar ist. Das hört sich dann so an:
„Peter Baumann, guten Tag. Schön, dass Sie anrufen. Am schnellsten können wir miteinander telefonieren, wenn Sie Ihren Namen und Ihre Telefonnummer auf dieses Band sprechen. Geben Sie mir gern noch einen Tipp, wann Sie am besten erreichbar sind. Ich freue mich auf unser Gespräch. Bis später." – Piep –

In vielen Ansagen werden jedoch falsche Versprechungen gemacht.
Beispiel: „Ich werde umgehend zurückrufen."
Das kann niemand wirklich garantieren, denn jeder ist mal unterwegs, für kurze Zeit oder längere Zeit abwesend – und sei es wegen Urlaub oder einer Geschäftsreise. Ich kenne einen Regisseur, der jeden Tag einen neuen Text auf seinen Anrufbeantworter spricht. Er begrüßt die Anrufer immer originell und erzählt, was er heute im Plan stehen hat und zu welchen Zeiten er per Handy gut erreichbar ist. Es ist wie eine Tagebuch-Vorschau, Und die möglichen Kunden erfahren täglich, dass er gut zu tun hat und dass er sehr ideenreich ist.
Viele Menschen möchten nicht auf ihrem Anrufbeantworter die Zeiten bekannt geben, wann sie nicht zu Hause sind. Aus Sicherheitsgründen vermutlich. Also wählen Sie eine Variante, die für immer gilt, und sorgen dafür, dass Sie regelmäßig den „AB" abhören. Z. B.: „Guten Tag lieber Anrufer. Sie haben richtig gewählt: Hier ist der elektronische Sekretär von Walter Hopp. Entweder ich bin gerade nicht im Büro oder es wird auf sämtlichen Leitungen telefoniert. Hinterlassen Sie bitte Ihren Namen sowie Ihre Telefonnummer. Dann melde ich mich gern bei Ihnen ..."

80. Was gilt es zu beachten, wenn ich meinen Anrufbeantworter geschäftlich und privat nutze?

Es kann sein, dass Sie einen Anrufbeantworter sowohl privat als auch geschäftlich nutzen möchten. Auch hierfür kann ich Ihnen eine Ansagetext-Variante anbieten: „Schön, dass Sie die Telefon-Nr. von Rudolf, Kai, Susanne und Barbara Martens gewählt haben. Wir freuen uns sehr auf Ihre oder eure Nachricht und melden uns so schnell wie möglich – versprochen. Wenn Sie Dafür-Produkte bestellen möchten, sprechen Sie Ihre Wünsche einfach auf das Band. Da wir unseren AB regelmäßig abhören, wird alles zeitnah erledigt. Vielen Dank." – Piep –

81. Welche Checklisten unterstützen mich beim Telefonieren?

Vielleicht sind Sie ein Typ, der gern mit Checklisten arbeitet. Checklisten bieten nicht nur einen gewissen Ablauf, sondern als Optionen auch Auswahlmöglichkeiten. Es folgen zwei Beispiele:

Beispiel 1:
Vor dem Telefonat:
1. Wann ist heute der optimale Zeitpunkt, um gut und meisterhaft zu telefonieren? Wann kann ich mich heute darauf konzentrieren?
2. Bin ich gut eingestimmt? (Stimme erzeugt Stimmung, Stimmung wird durch Stimme wahrgenommen.)
3. Bin ich gut vorbereitet? (Unterlagen parat, Schreibtisch aufgeräumt, Möglichkeit zum Aufzeichnen der Telefonate?)

4. Telefoniere ich, um „Schmerz zu vermeiden“ oder um „Freude zu erleben“?
5. Welche Telefonate sind heute „Rückrufe“, auf die ich mich vorbereiten muss?
6. Wie gestalte ich meine Notizen, um sie so effektiv wie möglich nutzen zu können?

Nach dem Telefonat:

7. Was ist mir durch meine heutigen Telefonate noch bewusster geworden? Was habe ich heute dazugelernt?
8. Welche Konsequenzen ergeben sich für mich und meine Kollegen ab sofort und konkret aus dem Gelernten?
9. Bin ich absolut zuverlässig beim Einhalten von Telefon-Terminen und bei sämtlichen Absprachen?
10. Es gibt für mich nur noch „erfolgreiche“ Telefonate: Entweder erreiche ich meine (Teil)-Ziele – oder habe ein kostenfreies Trainingstelefonat geführt.
11. Was tue ich heute, um meine Kollegen in ihren Telefonaktivitäten zu unterstützen?
12. Wodurch habe ich mir heute das Prädikat verdient, **A**uffallend **A**ngenehm **A**nders **A**ls **A**lle **A**nderen (die sechs As) zu sein?

Beispiel 2:

Wie habe ich welche Teil-Ziele beim Telefonieren erreicht?

	sehr gut	gut	weniger gut
Details der Empfehlung / Infos	☐	☐	☐
Mentale Einstimmung	☐	☐	☐
Optimaler Zeitpunkt	☐	☐	☐
Lächeln / Freundlichkeit	☐	☐	☐
Perfekte Begrüßung / Einstieg	☐	☐	☐
Name des Kunden genannt	☐	☐	☐
Berater hat Fragen gestellt	☐	☐	☐
Kunde hat Fragen gestellt	☐	☐	☐
Ruhige, sympathische Stimme	☐	☐	☐
Verbindliche Atmosphäre	☐	☐	☐
Besuchstermin vereinbart	☐	☐	☐
Telefontermin vereinbart	☐	☐	☐
Gesamteindruck	☐	☐	☐

82. Wie kann ich meine Lernerfolge beim Telefonieren dokumentieren und auswerten?

Wenn Ihnen bewusst wird, dass Sie wirklich Tag für Tag etwas dazulernen, wirkt sich das positiv auf Ihren gesamten Lernprozess aus. Sie müssen dazu wirklich sehen können, dass tagtäglich Lernerfolge auch stattfinden. Das geht am besten mit einem „Erfolgs-Tagebuch“. Das kann wirklich ein Buch sein, in das Sie täglich schreiben, oder auch eine Datei, die Sie im Notebook führen. Wichtig ist, dass Sie wirklich an jedem einzelnen Tag etwas eintragen. Nur so kann es Ihnen zur Gewohnheit werden, die eigenen Erfolge und Lernprozesse zu notieren und zu erkennen.

Stellen Sie sich jeden Morgen die Frage, was aus Ihrem Erfolgs-Tagebuch für Sie von Bedeutung ist und sich an diesem Tag konkret umsetzen und weiterentwickeln lässt.

Werden Sie Ihr eigener Weiterbildungs-Manager und nehmen Sie Ihre persönliche Weiterentwicklung ab sofort selbst in die Hände.

83. Welche Spielregeln gibt es für Telefon-Online-Konferenzen bzw. -Coachings?

Viele Menschen wünschen sich heute mehr Effektivität bei Themen wie Unternehmenserfolg, Weiterbildung und persönliche Weiterentwicklung. Das Ziel: Lernerfolge zu steigern und den Transfer zum Tagesgeschäft erfolgreich abzusichern. In strategischen Telefon-Online-Konferenzen lassen sich visuelle Komponenten wie Folien mit Praxisbeispielen mit dem gesprochenen Dialog über das Telefon verbinden. Was ich beispielsweise als Coach auf meinem Bildschirm präsentiere, können alle Gesprächspartner ebenfalls sehen. Und wir nutzen zusätzlich das Telefon, um den wirksamen Eingangskanal Ohr zu bedienen.

Ob vom Büro, von zu Hause aus oder von einem anderen Ort: Jeder Teilnehmer kann sich per Telefon und Internet einloggen und aktiv dabei sein, ganz ohne An- und Abreise. Auch die Ausrede „Ich habe keine Zeit" verliert an Boden, denn Online-Coachings vermitteln Impuls-Dialoge in kurzen Zeiträumen, die alle Teilnehmer sofort weiterbringen. Mit frischen Ideen und neuer Motivation geht es gleich an die Arbeit. Online-Coachings sind besonders nachhaltige und intensive Instrumente in der persönlichen Weiterentwicklung, quasi als „Warming up" für Spitzenleistungen.

Die Zusammensetzung der Teilnehmer kann in spezifischen Zielgruppen geschehen:

- Vertriebspartner, die noch am Anfang ihrer Karriere stehen,
- Profis mit langjähriger Erfahrung und speziellen Zielen,
- Teilnehmer in einer gemischten Zusammensetzung, weil jeder von jedem viel lernen kann.

84. Welche Themen eigenen sich besonders gut für Telefon-Konferenzen?

Auf diesem Weg lassen sich Fachthemen behandeln, aber auch Motivations- und Verhaltens-Impulse vermitteln. Sie können ein regelrechtes Training per Telefon einbauen und auf Wunsch diese Konferenzen auch aufzeichnen. Später erhalten so die Teilnehmer die Gelegenheit, sich einzelne Passagen immer wieder anzuhören und daraus zu lernen. Es folgen einige Anregungen für Ihre Themenauswahl:

1. Sicheres Terminmanagement per Telefon: feste Gesprächstermine mit Interessenten und Kunden in zeitgemäßer Sprache vereinbaren.

2. Interessante Kontakte knüpfen: Smalltalk aktiv gestalten und in Kommunikationsketten einbinden.
3. Effektives Zeitmanagement für mehr Lebensqualität und berufliche Erfolge: der Konsequenz-Plan als Zeitgewinn-Turbo.
4. Zielsetzung – Zielerreichung: klare Ziele Schritt für Schritt erreichen.
5. Empfehlungsstrategien: mit Empfehlungs-Teams und Kooperationen alle Wachstumschancen nutzen.
6. Weitere Themen und Schwerpunkte nach Ihrer Wahl ...

85. Wie setzt man am wirksamsten die Kommunikationskette Briefe – Telefonate – Mails – Telefonate und persönliche Gespräche ein?

Welches Glied in einer Kommunikationskette ist das wichtigste? Sind es die Briefe? Die Telefonate? Oder die Mails? Ich sage es Ihnen: Nur alle zusammen.

Wenn Sie einen Brief schreiben und nicht nachtelefonieren, kann der Kontakt schon zu Ende sein. Wenn Sie jemanden anrufen und ihm eine Bestätigung der Daten per Mail versprechen und das nicht zuverlässig erledigen, dann war es das.

Machen Sie sich die Zauberzahl drei zunutze. Wenn Sie jemanden anschreiben, rufen Sie ihn am besten innerhalb von drei Tagen an. Wenn Sie jemanden zuerst anrufen, dann schicken Sie den Brief oder die Mail auf jeden Fall spätestens drei Tage danach. Im Laufe von drei Wochen können Sie wirklich gute Beziehungen aufbauen und mit Telefonaten, Mails, Briefen und persönlichen Terminen optimal arbeiten. Testen Sie es gern für sich. Aber notieren Sie nachvollziehbar Ihre Aktivitäten:

- Wann haben Sie den Brief verschickt?
- Wann haben Sie nachtelefoniert?
- Was haben Sie vereinbart (einen persönlichen Termin)?
- Wann hat das persönliche Gespräch stattgefunden?
- Was haben Sie im Gespräch vereinbart?
- Was gilt es nun, zuverlässig zu erledigen?
- Was sind die nächsten Schritte?

86. Wie lange darf das Telefon klingeln, bevor ich abnehme?

Hier bestimmt der Alltag oft die Situation. Der Stress paralleler Gespräche oder Dinge, die man gerade erledigen will, sowie weitere „Störfaktoren" im Büroalltag oder Haushalt spielen eine große Rolle. Auch in diesem Kontext ist die Zahl drei von Bedeutung. Wenn das Telefon dreimal klingelt und wir dann das Gespräch annehmen – das wäre optimal. Nicht zu schnell, denn das kann sehr überraschend für den Anrufer kommen. Und nicht zu spät, weil mit jedem weiteren Klingeln die Vermutung wächst, wir seien nicht erreichbar oder der Anruf könnte uns bei einer wichtigen Arbeit stören.

XI. Wenn es mal nicht ganz so glatt läuft ...

87. Was mache ich, wenn ich jemanden anrufe und der Angerufene legt einfach den Hörer auf?

Zunächst einmal: Unterstellen Sie nicht sofort eine böse Absicht. Es kann schließlich sein, dass Ihr Gesprächspartner sich gerade in der Bahn in einem Tunnel befindet und die Verbindung abreißt. Es kommt gar nicht mal so selten vor, dass aus irgendeinem technischen Grund ein Telefonkontakt abbricht. Wenn Sie sich dann immer gleich furchtbar aufregen und glauben, der andere habe böswillig einfach auflegt oder Sie „wegdrückt", investieren Sie sehr viel Energie, ohne die Ursache genau zu kennen.

Machen Sie es sich und Ihren Gesprächspartnern leicht. Kommunikation muss einfach fließen, sonst verfehlt sie oft ihr Ziel. Sie haben immer die Möglichkeit, wenn der Kontakt (durch was auch immer) unterbrochen wurde, erneut anzurufen und zu sagen:

„Irgendwie wurden wir unterbrochen. Da bin ich wieder ..."

Oder Sie beziehen diese kleine Panne direkt auf sich: „Entschuldigung, aber die Verbindung scheint bei mir schlecht zu sein, ich rufe Sie per Handy an ..."

Natürlich kann es manchmal auch sein, dass Ihr Partner am Telefon das Gespräch mit Ihnen nicht möchte. Nicht jeder Mensch stellt sich jedem anderen in jeder Situation oder ist in der Lage, offen und ehrlich „Nein" zu sagen, wenn er sich belästigt fühlt. Bauen Sie immer eine Brücke, um z. B. an einem Zeitpunkt miteinander zu telefonieren. Ich werbe gern für Verständnis, was unsere Mitmenschen betrifft. Reichen Sie jedem Gesprächspartner symbolisch die Hand durch das Telefon. Gehen Sie Ihren Mitmenschen in jedem Gespräch einen verständnisvollen Schritt entgegen. So bauen Sie Verbindungen auf und entwickeln sie positiv weiter.

88. Wie geht man mit Menschen um, die ihren Namen nicht nennen wollen?

Immer mal wieder – wenn auch eher selten – wird es vorkommen, dass derjenige, den Sie anrufen, Ihnen seinen Namen nicht nennen will. Vielleicht mag er den Klang seines eigenen Namens nicht oder möchte sich aus irgendeinem Grund nicht zu erkennen geben. Welche Gründe Ihr Gesprächspartner auch haben mag: Sie können ihn nicht zwingen, seinen Namen zu nennen. Sie können lediglich mit gutem Beispiel vorangehen und Ihren eigenen Namen nennen und noch einmal höflich nach seinem fragen. Erscheint Ihnen die Situation zu dumm, dann lassen Sie ihn einfach los und verabschieden sich freundlich. Sie können nicht davon ausgehen, dass jeder Telefonkontakt auch zu Ihnen passt, sei es als Kunde oder Geschäftspartner. Konzentrieren Sie sich deshalb auf die Menschen, die zu Ihnen und Ihren Projekten passen. Damit haben Sie genug zu tun.

89. Muss ich mir alle telefonischen Absprachen schriftlich bestätigen lassen?

Das wäre eine Katastrophe! Wie heißt es so treffend: „Einen Vertrag braucht man nur dann, wenn einer der Partner sich nicht an die Absprachen hält."

Alles, was wir in einem Telefonat sagen, muss nach bestem Wissen und Gewissen stimmen. Legen wir uns deshalb mit unseren Worten bitte fest, stehen wir dazu; dann braucht es keine schriftliche Form. Was wir sagen, müssen wir auch einhalten – ohne Wenn und Aber, ohne Ausreden und Schuldzuweisungen an andere. Zuverlässigkeit bringt uns einen hohen Wert ein. Wir können uns auf einander verlassen.

90. Wie kann ich aber sicher sein, dass mein Gesprächspartner auch zuverlässig ist? Sollte ich mir nicht doch wichtige Dinge schriftlich bestätigen lassen?

Sie können sich die Details einer komplizierten Angelegenheit selbstverständlich bestätigen lassen: „Herr Wolff, darf ich Sie um einen Dreizeiler mit den besprochenen Punkten als Mail bitten?" Oder Sie bestätigen Ihrem Telefonpartner die besprochenen Inhalte. Aber bitte nicht nur tabellarisch, sondern vielleicht in dieser Form: „Liebe Frau Dr. Grenda, vielen Dank für das informative Telefonat. Ich habe die folgenden Daten soeben in das Projekt eingefügt. 150 A, 340 B und zusätzlich zur ursprünglichen Kalkulation 75 M (mit 50 % Vorteil). Ich freue mich sehr auf die weitere Zusammenarbeit. Viele Grüße, Ihr Thomas Pahl."

91. Wie gehe ich mit negativen Nachrichten am Telefon um?

Gute Nachrichten verbreiten sich in vielen Bereichen des Lebens nicht so schnell wie schlechte. Wie heißt es so treffend: „Bad news are good news."

Sie müssen dieses Spiel allerdings nicht unbedingt mitspielen. Setzen Sie dem etwas entgegen und sorgen Sie so für eine neue Qualität in Ihren Telefongesprächen, in Telefonkonferenzen und auch in Einzeltelefonaten mit Kunden oder Kooperationspartnern: Veröffentlichen Sie in Ihrem Team nur noch positive Nachrichten. Damit meine ich nicht, dass Sie alle negativen Entwicklungen aus Ihrem Leben ausblenden sollen – im Gegenteil. Wie das funktioniert, zeigen die folgenden Beispiele.

Beispiel 1 – negativ:
Eine Führungskraft sagte in einer Telefonkonferenz: „Die Zahlen des letzten Monats sind eine einzige Enttäuschung. Mehr als die Hälfte der Vertriebspartner hat so gut wie gar keine Kundenbesuche getätigt. Wenn das so weitergeht, werden wir uns von diesen Personen demnächst trennen."
Ist Ihnen aufgefallen, welches Szenario der Gruppenleiter verwendet, um seiner Enttäuschung Ausdruck zu verleihen? Er hat sich nur den Frust von der Seele geredet und ist damit seiner Aufgabe, zur Leistungssteigerung beizutragen und zu motivieren, nicht gerecht geworden. Es folgt ein Gegenvorschlag, in dem positive Sprachmuster verwendet werden.

Beispiel 2 – positiv:
„Mit den Zahlen des letzten Monats wissen wir nun genau, wo unsere Stärken liegen und was wir noch weiter verbessern können. Besonders großes Potenzial haben wir bei den Kundenbesuchen. Mit einem Online-Workshop möchten wir Sie in diesem Bereich aktiv unterstützen. So schaffen wir die Voraussetzungen für ein Team, in dem jeder seine Zukunft optimal selbstverantwortlich gestalten kann."
Das Wichtigste beim Telefonieren ist, was die Gesprächspartner nach dem Telefonat empfinden, welche Gefühle bei ihnen aktiviert wurden. Sind sie frustriert oder motiviert? Das ist eine bedeutende Frage. Wenn Sie es schaffen, dass alle Beteiligten sich gut fühlen, alles verstanden haben und motiviert das Besprochene umsetzen, haben Sie mit Ihren Telefonaktivitäten einen guten Beitrag zum Gesamterfolg geleistet.

92. Wie bereite ich mich auf ein Gespräch vor, in dem ich eine unangenehme Nachricht überbringen muss?

Der Überbringer von schlechten Nachrichten hat es nicht immer leicht. Er braucht Fingerspitzengefühl und dennoch klare Botschaften. Klar schon, aber bitte niemals verletzend.

Nehmen wir an, Sie haben einen vorläufigen Projektstopp zu verkünden und rufen jeden einzelnen Beteiligten an. Dann sind Sie gut beraten, mit der Beziehungsebene zu beginnen, dass Sie z. B. gerade mit dem Projektleiter gesprochen haben und dass trotz der wirklich guten Zusammenarbeit Probleme aufgetreten sind, die dringend gelöst werden müssen. Dann betonen Sie, dass es Ihnen sehr leid tut, weil Sie wissen, wie intensiv alle Mitarbeiter sich für das Projekt engagiert haben. Aber die Sicherheit, auch im Hinblick auf die Kostenseite, gehe vor.

Und Sie wünschen sich, dass Sie auf jeden einzelnen aus dem Projektteam nicht nur in guten Zeiten, sondern auch in schwierigen Situationen zählen können. Sie können noch betonen: „Wenn ein Team die Fähigkeit hat, die Situation positiv zu verändern und die Ziele zu erreichen, dann ist es dieses Team." Das Ganze sollte in jedem Fall ernst gemeint und authentisch vorgetragen werden.

93. Wie reagiere ich bei Lügen und Unstimmigkeiten am Telefon?

Der Kommunikationswissenschaftler Paul Watzlawick hat einmal sinngemäß gesagt: „Die Leute sagen nicht, was sie denken – und sie tun nicht, was sie sagen." Das erleben wir immer wieder, im Beruf, aber auch privat. Auch in vielen Telefonaten fehlt es an Offenheit und Zuverlässigkeit. Außerdem wünschen wir uns von unserem Gegenüber am anderen Ende des Drahtes häufig wesentlich mehr echtes Verständnis und Freundlichkeit.

Nehmen wir einmal an, ein Kunde hat uns eine Empfehlung gegeben und zugesagt, diesen Kontakt zu informieren, dass wir uns telefonisch bei ihm melden. Und dann rufen wir – mit einem guten Gefühl – den Betreffenden an und stellen fest, der neue Kontakt weiß überhaupt nichts von unserem Anruf. Dann lügt hier mindestens einer von beiden ...

Seinem Gesprächspartner am Telefon zu offenbaren, dass man ihn für einen Lügner hält (und dass man ihn quasi gerade überführt hat), kommt sicherlich nicht so gut an. Vielleicht mochte Ihr Kunde aus irgendeinem Grund seinen Kollegen eben nicht anrufen und ihm ankündigen, dass ein Ernährungsexperte, Finanzberater oder anderweitig aktiver Networker sich bei ihm melden wird. Oder der Kollege vom Empfehlungsgeber mag nicht besonders gerne angerufen werden und tut deshalb so, als wisse er von nichts.

Beharren Sie in solchen Telefonaten nicht auf Gedeih und Verderb darauf, dass jetzt unbedingt die Wahrheit ans Licht kommen muss. Managen Sie vielmehr alle Lügen und Wahrheiten zum Vorteil aller Beteiligten.

Beispiel:
„Guten Abend Herr Niesebaum. Ich bin Walter Nevermann und grüße Sie von Ihrem Kollegen Rudolf Werner. Herr Werner wollte Sie auf meinen Anruf einstimmen, ich weiß aber nicht, ob er das zeitlich schon geschafft hat ..."
Wenn Herr Niesebaum dann antwortet: „Nee, mich hat keiner angerufen, ich weiß von nichts ...", dann nehmen Sie es so an und fahren fort: „Das macht nichts. Ich sage Ihnen kurz, auf welche Vorteile Herr Werner Sie über mich aufmerksam machen möchte."

94. Wie gehe ich mit unhöflichen Anrufern um?

Viele Verbraucher fühlen sich speziell von Call-Center-Mitarbeitern respektlos behandelt. Was können wir tun, um unsere Ohren vor diesen verbalen „Attacken" zu schützen? Es folgt ein Beispiel, das mir von einem Coaching-Teilnehmer berichtet wurde. Meine Anmerkungen finden Sie jeweils in Klammern gesetzt.

Beispiel:
„Hartmut Wolff."
„Guten Tag Herr Wolff, spreche ich mit Hartmut Wolff persönlich?"
(*Anmerkung:* Dieser Einstieg ist eine Katastrophe. Ich hätte schon jetzt keine Lust mehr, mich mit jemandem zu unterhalten, der zum Ablesen nur auf seinen Bildschirm guckt und abliest. – O.k., es geht weiter:)
„Mein Name ist Adam, ich rufe von der Firma AXZ an. Wir überprüfen kostenfrei Ihre Daten im Internet, damit Sie leichter von Suchmaschinen sowie von potenziellen Kunden gefunden werden. Dazu habe ich ein paar Fragen. Wie ist es mit Ihrer ..."
(*Anmerkung:* Na, dieser Anrufer legt ja los – Call-Center-Leitfaden lässt grüßen. Er geht ausschließlich auf Masse, verbrennt viel Potenzial und sorgt dafür, dass immer mehr Menschen sich noch weitere Gesetze wünschen, mit denen Verbraucher gegen „Telefon-Gewalt" geschützt werden.)
Hartmut Wolff: „Stopp, stopp, da habe ich erst einmal eine Frage: Wie kommen Sie überhaupt auf mich?"
(*Anmerkung:* Eine legitime Frage, die wir immer stellen können. Es wird immer wichtiger, dieser „Brechstangen-Rhetorik" Einhalt zu gebieten und dafür zu sorgen, dass Einzelverkäufer und Call-Center-Mitarbeiter lernen, Menschen fair und respektvoll zu behandeln.)
„Ihre Telefonnummer habe ich über einen Zufallsgenerator erhalten. Das ist wie ein Gewinn, für den Sie ausgewählt wurden. So ähnlich wie mit den Kugeln beim Lotto. Also zuerst benötige ich den Abgleich folgender Daten im Bereich ..."
Hartmut Wolff: „Wissen Sie, ich möchte das nicht. Ich möchte nicht, dass Sie Daten von mir haben und mir irgendetwas verkaufen wollen, was ich nicht brauche. Ich gewinne meine Neukontakte auf Empfehlung von zufriedenen Kunden. Also nutzen Sie Ihre Zeit lieber für andere Personen, die genau nach Ihrer Dienstleistung suchen. Da sind Sie bei mir falsch."
„Sind Sie immer so negativ? Sie wissen doch noch gar nicht, worum es wirklich geht. Nun lassen Sie mich doch erst einmal ausreden. Also es handelt sich um ..."
Hartmut Wolff: „Ich wiederhole mich nur ungern, ich möchte keine Informationen von Ihnen bekommen. Außerdem gefällt mir Ihre Art der Gesprächsführung überhaupt nicht. Sie haben mich noch nicht einmal gefragt, ob ich überhaupt Zeit für Sie habe. Ich gebe ihnen jetzt die Gelegenheit, sich höflich zu verabschieden. Und das war es dann."

„Sie wissen doch noch gar nicht, worum es geht. Seien Sie doch einfach ein wenig offener für das, was ich Ihnen vorstelle. Mit Ihren Kunden werden Sie doch auch nicht so ablehnend umgehen. Oder ist das so Ihre Art? Das wäre nicht so sonderlich professionell. Also ich erwarte schon, dass Sie mir erst zuhören und sich dann Ihre Meinung bilden bzw. danach entscheiden, welche Vorteile Sie durch mich erhalten."
Hartmut Wolff: „Es ist alles gesagt, und es reicht jetzt. Also verabschieden wir uns freundlich und legen beide auf. Und zwar jetzt sofort ..."
„Sie sind mir vielleicht einer ..."
Dann beendete Herr Wolff dieses unschöne Telefonat. Er hatte nur noch zwei Wörter dafür übrig: „Eine Unverschämtheit."
Geben Sie niemals das Heft aus der Hand. Niemand hat das Recht, Sie am Telefon „anzuzählen". Wenn jemand Ihnen etwas anbietet, was für Sie wirklich von großem Nutzen ist, wird er schon einen Weg finden, Ihre Aufmerksamkeit zu gewinnen. Jedenfalls dann, wenn er freundlich, fair und respektvoll mit Ihnen umgeht.

95. Gibt es Möglichkeiten, konstruktiv am Telefon mit Beschwerden umzugehen?

Wie sich jemand fühlt, der mit einem Produkt oder einer Dienstleistung eine Pleite erlebt hat, können wir alle sicherlich nachvollziehen. Wenn Sie mit einer solchen Situation in einem Telefonat konfrontiert werden, empfehle ich, zunächst für Klarheit zu sorgen. Damit meine ich, dass beide Standpunkte vom jeweiligen Gesprächspartner verstanden werden.

Beispiel:
„Also Ihr Produkt können Sie vergessen. Das funktioniert überhaupt nicht so, wie ich mir das vorgestellt habe. Und mit Ihrer komischen Bedienungsanleitung, für die man wegen der kleinen Schrift eine Lupe braucht, komme ich auch nicht weiter."
Wenn Sie so etwas an der Service-Hotline erleben, ist das natürlich ein harter Brocken. Aber manche Menschen müssen sich anscheinend erst einmal am Telefon „auskotzen", um sich Luft zu machen. Und dabei achten sie nicht darauf, was die Gegenseite vielleicht in dem Augenblick empfindet. Wie könnten Sie mit dieser Situation sprachlich umgehen?
„Wenn das Gerät nicht funktioniert, dann ist das immer ärgerlich. Da kann ich Sie gut verstehen. Sind Sie bereit, mir kurz den Fehler zu beschreiben?"
Damit haben Sie dem anderen ein positives Signal gegeben und einen Dialog eröffnet. Hören wir doch einmal, wie er darauf reagiert:
„Das klingt vielleicht ein bisschen hart, was ich jetzt sage, aber Ihr Gerät scheint Schrott zu sein, denn es lässt sich ja noch nicht einmal einschalten."
„Ist das Gerät in Ihrer Nähe?"
„Ja, direkt vor mir."
„Ist der Aufkleber auf der Unterseite noch drauf?"

„Ja."
Was lesen Sie darauf?"
„Warten Sie ... Zuerst an diesem Pfeil die Sicherungsfolie entfernen, dann kann das Gerät eingeschaltet werden."
„Ist der Pfeil noch an dem Gerät?"
„Ich habe das Ding schon gezogen. Jetzt leuchtet die Lampe."
„Gut, dass Sie angerufen haben und wir sofort das Gerät starten konnten. Nun müsste alles funktionieren. Wenn Sie weitere Fragen haben, rufen Sie uns gern wieder an."
„Danke, aber das lag bestimmt auch daran, dass ich die Bedienungsanleitung nicht lesen konnte, sonst hätte ich das auch allein geschafft."
„Haben Sie einen Internetzugang?"
„Ja sicher."
„Dann können Sie auf unserer Seite die ausführliche Bedienungsanleitung einsehen und sie genau auf die Größe einstellen, die für Sie gut lesbar ist. Dort finden Sie auch noch weitere Quick-Tipps, also Hinweise zur effektiven Steuerung des Gerätes."
„Danke, jetzt schau ich erst einmal, wie alles läuft, tschüss dann."
„Ja, auf Wiedersehen und ein schönes Wochenende."

Alle sind in diesem Augenblick zufrieden. Der Kunde, weil er nicht gemaßregelt wurde. Und die Service-Mitarbeiterin, weil sie für den Anrufer wirklich da war und ihre Hilfsbereitschaft in einer positiven Sprache zum Ausdruck gebracht hat. Genau so muss Service sein: Andere dabei zu unterstützen, dass alles gut läuft und jeder sich dabei mit den Produkten und den optimalen Dienstleistungen wohlfühlt.

96. Gibt es Lösungen für Telefonate mit Personen, die reden und reden?

Auch ich bin immer wieder überrascht, wie viele Menschen mehr reden, als es zu sagen gibt. Wir alle haben sicherlich ein gewisses Bedürfnis, uns anderen mitzuteilen, aber einige Zeitgenossen schießen dabei weit über das Ziel hinaus. Männer geben angeblich nicht so viele Wörter am Tag von sich wie Frauen. Dabei ist zu erwähnen, dass Frauen wohl nicht nur reine inhaltliche Aspekte vermitteln, sondern auch Emotionen, und dass sie mehr über ihr eigenes Denken und Erleben preisgeben als Männer.

Ob Vielredner oder nicht: Alle wünschen sich, verstanden zu werden. Und genau da können wir sehr gut ansetzen, wenn jemand einfach zu viel redet und gemeinsame Zeit zu verschwenden scheint. Das bedeutet, wir stellen eine Frage nach dem, was ihm wirklich am wichtigsten ist oder was derjenige meint, was für uns in diesem Gespräch größte Bedeutung hat.

Beispiele:
„Petra, wenn du eines der von dir angesprochenen Probleme sofort auf Knopfdruck lösen könntest, welches wäre dir dann am wichtigsten?"
„Mein Chef soll endlich merken, dass die besten Ideen aus dem Team von mir kommen." – „Dann lass uns genau darüber sprechen. Von wem aus dem Team bezieht er seine Informationen?"

97. Wie gehe ich mit Zeitdruck in Telefonaten um?

Zeitdruck und Telefonieren sind „Feinde". Wer wie „auf der Flucht" telefoniert, spricht meist viel zu schnell – und flüchtig. Führen Sie lieber ein Telefongespräch weniger, aber dafür mit innerer Ruhe. Falls es aber nicht anders geht, weil bestimmte Informationen weitergegeben werden müssen, dann gehen Sie wie folgt vor und klären diese Fragen:

1. Was ist das Wichtigste, was Sie vermitteln möchten?
2. Welches Telefonat können Sie durch eine kurze Mail ersetzen?
3. Was passiert, wenn Sie nicht telefonieren?
4. An wen können Sie die Telefonate delegieren?
5. Vielleicht lässt sich der Termin etwas verschieben, sodass Sie für Ihre Telefonate mehr Zeit haben?

98. Wie telefoniere ich mit Menschen, zu denen ich nicht so einen guten Draht habe?

Wenn wir mit jemandem nicht besonders gut können, dann muss sich das ja nicht auf jedes Telefonat auswirken. Es macht doch auch Spaß, trotzdem gemeinsam eine Basisfähigkeit der Verständigung zu erreichen.

Hier ein Beispiel:
„Sag mal, was hast du denn heut wieder über mich zum Abteilungsleiter gesagt?"
„Gar nichts, wie kommst du darauf?"
„Na, sein Blick war ja nicht zu übersehen, als ihr beide aus dem Meeting kamt."
„Ich wüsste gar nicht, was ich ihm über dich erzählen sollte, es läuft doch im Augenblick alles so weit ganz reibungslos."
„Und dann glotzt er mich so blöde an? Hab doch mal den Mut, ehrlich zu mir zu sein und erst mit mir zu reden und nicht immer hinten herum."
„Peter, ich habe noch nie hinter deinem Rücken irgendwelche Sachen erzählt. Das ist nicht mein Stil. Ich wünsche mir, dass du mir das glaubst."
„Ich lass mich nicht veralbern. Von niemandem, dass du das weißt."
„Das ist in Ordnung, ich auch nicht. Also haben wir eine Gemeinsamkeit. Lass uns wieder mit Vertrauen zusammenarbeiten. Das ist mein Angebot."
„O.k., versuchen wir es einfach."

99. Wenn ich vor einem wichtigen Gespräch sehr aufgeregt bin: Wie kann ich mich selbst zur Ruhe bringen?

Zuerst empfehle ich Ihnen ein paar ruhige Atemzüge. Das tut immer gut. Und da fällt mir das Zitat von Albert Einstein wieder ein: „Vorstellungskraft ist wichtiger als Wissen." Also nutzen Sie diese Freiheit, sich positiv einzustimmen. Sind Sie ein „Gewinn" für Ihre Mitmenschen? Dann dürfen Sie das auch in sich verankern. Hier mein Vorschlag für eine kraftvolle Autosuggestion: „Ich bin ein Gewinn für jeden Kontakt. Und jeder Kontakt bedeutet für mich Erfolg." Allerdings ist es wichtig, sich regelmäßig zu entspannen. Leben und arbeiten Sie doch im entspannten Zustand, in voller Zuwendung und Konzentration. Das kann Ihnen nicht nur helfen, die Qualität Ihrer Arbeit zu verbessern, sondern auch länger zu leben.

XII. Wie läuft ein erfolgreiches Telefonat ab?

Eine der erfolgreichsten Unternehmerinnen im Network-Marketing wurde gefragt:
„Wie haben Sie Ihre großen Erfolge nur erreicht?"
Ihre Antwort: *„Neben meiner Stimme ist das Telefon mein wichtigstes Instrument für meinen Erfolg."*

100. Aller Anfang ist schwer: Wie knöpfen wir den ersten Knopf beim Telefonieren besonders gut?

Von Johann Wolfgang von Goethe kennen wir das Zitat: „Wer den ersten Knopf verfehlt, der kommt mit dem Zuknöpfen nicht zurande." Wir wissen niemals genau, in welcher Situation wir den anderen telefonisch „erwischen". Wir tun also gut daran, uns am Anfang eines Telefongesprächs so zu verhalten, dass wir unserem Gesprächspartner ein positives Signal übermitteln.

Jeder Mensch, den Sie anrufen, fragt sich unbewusst oder bewusst, was er durch Ihren Anruf und Ihr Angebot für Vorteile erhält, wo sein konkreter Nutzen liegt. Er möchte wissen, was dieser Anruf mit ihm zu tun hat, warum er sich dafür Zeit nehmen soll. Ihr origineller Einstieg dient dazu, gleich zu Beginn ein positives Zeichen zu setzen, unabhängig davon, wen Sie am anderen Ende der Leitung dranhaben.

101. Wie schaffe ich es, gleich zu Beginn eines Telefonats gut ins Gespräch zu kommen?

Wenn Sie ausgehende Telefonate führen, dann haben Sie die Möglichkeit, sich darauf vorzubereiten. Stimmen Sie sich auf die Person und auf die Sache ein. – Wie werden Sie das Telefonat beginnen? (Begrüßung, Einleitung mit Nennung des Themas)

Beispiel:
Eine Networkerin für gesunde Ernährung wollte mit einem Kosmetikstudio kooperieren. Sie machte sich die Mühe einer kleinen Vorarbeit. Bei einem Stadtbummel am Sonntag besuchte sie die größten Studios und schaute sich genau die Schaufenster an. Dann surfte sie im Internet und sah sich deren Seiten an. Am Montag rief sie dann mit folgendem Aufhänger die Kosmetikerinnen an:

„Guten Morgen Frau Becker, mein Name ist Svenja Meyer. Ich stand am Sonntag vor Ihrem Schaufenster und kam auf die Idee, Sie kurz anzurufen. Haben Sie einen kleinen Augenblick Zeit?" „Ja." „Frau Becker, wenn Sie sich vorstellen, dass Sie durch eine Kooperation mit mir den Nutzen für Ihre Kundinnen erhöhen und sogar noch zusätzlich Ihren Umsatz steigern können: Ist Ihnen das ein persönliches Gespräch mit mir wert?"

Das ist ein gelungener Einstieg. Manchmal können Sie in Ihren Telefonaten den Gruß von einem gemeinsamen Bekannten ausrichten oder sich auf einen Artikel in der Presse beziehen. Auch wenn Ihnen der andere Mensch am Telefon noch nicht so vertraut ist, gibt es vielleicht eine für ihn wichtige Information.

Aber bleiben Sie natürlich. Es hat keinen Sinn, mit einer Art Grimasse zu telefonieren. Am besten sprechen Sie immer so wie mit einem guten Bekannten. Der Mensch, mit dem Sie gerade am Telefon sprechen, ist im Augenblick der wichtigste für Sie, denn er befindet sich in Ihrem gegenwärtigen Moment. Sie teilen mit ihm die Gegenwart. Also versuchen Sie nichts zu erzwingen. Reagieren Sie nicht über die Grenzen hinaus. Sie haben ja diese drei Begriffe vielleicht schon verinnerlicht: Telefonieren Sie immer freundlich, fair und mit Respekt. Dadurch erzeugen Sie ein gutes Klima und stärken sich sowie Ihren Gesprächspartner, um auch in Zukunft einen „Geschäftsfreund" mehr zu haben.

102. Wie kann ich kontrollieren, ob ich erfolgreich telefoniere?

Wenn Sie sich wirklich täglich verbessern wollen, dann telefonieren Sie bitte noch bewusster und kontrollieren Sie sich effektiver. Stellen Sie sich zu diesem Zweck jeden Abend vier Fragen:

1. Wie viele Telefonate habe ich **heute** geführt?
2. Wie viele Menschen habe ich **heute** optimal informiert?
3. Wie viele Produkte habe ich **heute** verkauft?
4. Wie viele Empfehlungen habe ich **heute** erhalten?

Addieren Sie die notierten Zahlen pro Woche, Monat, Quartal und schließlich zu einer Zwölf-Monatszahl. So können Sie rückblickend Ihren Einsatz und Ihre Ergebnisse auswerten und sind einer optimalen Erfolgssteuerung Ihrer Telefon-Aktivitäten auf der Spur.

103. Wie strukturiere ich ein gelungenes Telefonat?

„Und jedem Anfang wohnt ein Zauber inne." Diesem Satz von Hermann Hesse mögen – was das Telefonieren betrifft – nicht alle Menschen folgen, denn viele tun sich schwer damit, ein Telefonat befreit zu starten. Nicht etwa weil das Telefon beißt, sondern weil jemand am anderen Ende des heißen Drahtes im weiteren Verlauf des Gespräches beispielsweise „Nein“ sagen könnte. Wenn Sie solche Sorgen plagen: Hier finden Sie ein Raster, das Ihnen helfen kann, Ihr Telefonat vorzubereiten und zu gestalten.

a) Wie fange ich an?

Wer gern telefoniert, hat in der Regel auch keine Problem, ein Telefonat zu beginnen, ist gut eingestimmt und vorbereitet, fühlt sich sicher. Die gute Nachricht lautet: Das kann man trainieren! Am besten setzen Sie zu Beginn die „Telefonische Visitenkarte“ ein. Diese besteht zum großen Teil aus einer Begrüßung, mit möglichst angenehmer Stimme. Zur Visitenkarte gehören: Name der angerufenen Person, Ihre eigene Vorstellung und eine Art Überschrift für Ihr Anliegen.

Beispiel:

„Guten Tag Herr Martens, hier spricht Roland Arndt, schönen Gruß von Ihrem Kollegen Rudolf Wahlen ... Haben Sie einen kleinen Augenblick Zeit?“

Wenn Sie anrufen und am anderen Ende der Leitung meldet sich jemand mit „Hallo“ oder „Ja?“, gehen Sie mit gutem Beispiel voran und stellen Sie sich mit Ihrem kompletten Namen vor:

„Guten Tag, ich bin Ilona Nassauer von der Firma Hauser & Co. Erreiche ich bei Ihnen Herrn Marc Petersen?“

„Das bin ich selbst.“

„Schön, dass ich Sie erreiche. Ich rufe mit einem Gruß von Ihrer Kollegin Svenja Bahnsen an.“

Sie werden feststellen, dass es Ihnen zunehmend leichter fallen wird, ein Gespräch positiv und dynamisch zu beginnen. Sie werden immer mehr in den Fluss kommen – auch im weiteren Verlauf des Gesprächs. Es liegt an Ihnen, mehr zu telefonieren und Ihre Kontakt-Fitness zu verbessern.

Als letzter Teil Ihrer „Visitenkarte“ fehlt jetzt noch die Überschrift für Ihr Anliegen. Ihre konkrete Botschaft an Ihren Gesprächspartner sollte maximal 20 Sekunden dauern und möglichst bildhaft sein. Ein Beispiel: „Ich bin die Ernährungsberaterin von Frau Bahnsen und in unserem letzten Gespräch gab sie mir den Tipp, mich auch Ihnen einmal vorzustellen. Meine Aufgabe ist es, Menschen im Bereich gesunder Ernährung zu beraten und zu begleiten. Viele Menschen denken heute über Gesundheit und Vitalität ganz neu nach. Was ist Ihnen am wichtigsten dabei?“

b) Wie beende ich ein Gespräch?

Schaffen Sie ein Gesprächsende, das auf beiden Seiten ein gutes Gefühl zurücklässt. Selbst wenn Sie in diesem Gespräch Ihr Ziel noch nicht (vollständig) erreicht haben, verabschieden Sie sich voller Respekt und freundlich von Ihrem Gesprächspartner.

Ein Beispiel:
„Danke für die Informationen und die Aufstellung per Mail. Ich schau mir das ganze heute Abend noch einmal an. Freut mich sehr, dass wir ein gutes Stück vorangekommen sind. Wir treffen uns dann am Montag um 14.00 Uhr hier bei uns im Büro. Ich freue mich schon auf unser Gespräch. Bis dahin weiterhin viel Erfolg, Herr Meyer. Tschüß."

104. Was macht ein optimales Telefonat aus?

Jedes Telefongespräch ist so gut wie das Gefühl, das es bei uns hinterlässt. Wir fühlen uns z. B. gut, wenn wir nach dem Gespräch der ehrlichen Einschätzung sind, der andere hat uns wirklich im Detail verstanden, bei ihm ist klar rübergekommen, was wir gesagt und wie wir es gemeint haben. Dann brauchen wir nur noch dafür zu sorgen, dass auch wir den anderen wirklich verstehen ...

Wenn Telefonate so verlaufen, brauchen wir keine Rückrufe, um Missverständnisse zu klären oder Defizite zu beseitigen. Wir fühlen uns beide gut und haben auch auf der Sachebene eine sichere kommunikative Leistung erbracht. Wenn dann das Gespräch auch noch Freude bereitet hat und wir uns auf das nächste Telefonat mit dieser Person freuen, dann ist uns etwas Positives für die beteiligten Menschen und für anstehende Projekte gelungen.

105. Wie steigt man in ein Telefonat aufgrund einer Empfehlung ein?

Hierzu gleich ein konkretes Beispiel: Ich wähle jetzt die Nummer von Herrn Heberling, der mir als möglicher Interessent für ein Training zum Thema „Empfehlungs-Strategien" genannt wurde.

Beispiel 1: Der Angerufene nennt seinen Namen
„Heberling."
„Guten Abend Herr Heberling. Ich bin Roland Arndt. Ihr Kooperationspartner Peter Pohl gab mir den Tipp, Sie einmal anzurufen. Passt es Ihnen im Augenblick?"
„Ja, ... ist schon in Ordnung."
„Ich habe ein Telefontraining für die Führungskräfte und Mitarbeiter der Neu GmbH durchgeführt. Herr Pohl hat mir gegenüber angedeutet, dass Sie ebenfalls die Kompetenzen Ihrer Mitarbeiter im Bereich Telefonieren stärken möchten."
„Ich verstehe ... Dann sind Sie der Herr Arndt, der das Buch über Empfehlungs-Strategien geschrieben hat?"

Merken Sie, wie man eine „telefonische Visitenkarte" Schritt für Schritt einsetzt? *Schritt 1:* Aus einer inneren respektvollen Einstellung heraus wiederholen wir den Namen unseres Gesprächspartners und stellen uns dann selbst vor. *Schritt 2:* Wir vernetzen uns mit ihm und einer weiteren Person, die uns Empfehlungsenergie für dieses Telefonat gegeben hat. Das war in diesem Fall der Kooperationspartner Peter Pohl. *Schritt 3:* Und dann beweisen wir unsere Höflichkeit mit einer kleinen Frage, ob ihm der Zeitpunkt unseres Anrufes angenehm ist.

Wenn Sie jemanden erstmals auf Empfehlung einer dritten Person anrufen: Bereiten Sie sich auf jedes Ihrer Telefonate vor. Für die Abgabe Ihrer sprachlichen Visitenkarte benötigen Sie immer den Vor- und Nachnamen der angerufenen Person sowie ein kleines Stichwort dazu, in welcher Beziehung er zu demjenigen steht, der Ihnen den Kontakt empfohlen hat. Es kann ein Nachbar, Schwager, Kollege, Sportpartner, Freund oder sogar der Chef sein.

Beispiel 2: Der Angerufene meldet sich nicht mit seinem Namen

Jetzt folgt diese Einstiegsvariante für den Fall, dass sich der Angerufene nicht mit seinem Namen, sondern mit „Hallo" oder „Ja" melden sollte:
„Hallo?"
„Guten Tag, ich bin Roland Arndt. Erreiche ich bei Ihnen Herrn Hans Heberling?"

Nun dürfen Sie mit folgenden Antworten rechnen:
„Das bin ich selbst" oder „Nein".

Bei „Das bin ich selbst" oder „Am Apparat":
„Schön, dass ich Sie erreiche, Herr Heberling. Ihr Kooperationspartner Peter Pohl gab mir den Tipp, Sie einmal anzurufen."

Bei „Nein":
„Ist Herr Heberling nur im Augenblick nicht da oder generell über diese Telefonnummer nicht erreichbar?"
Dann wird derjenige, der am Apparat ist, Ihnen sicherlich mitteilen, ob Sie falsch verbunden sind oder wann sein Bruder, Schwager, Vater, Sohn, Kollege etc. wieder zu sprechen ist.

106. Wie sichere ich ab, dass meine Botschaft ankommt und nicht vergessen wird?

Ein sehr weiser Mann soll einmal sinngemäß gesagt haben: „Wenn du den Menschen etwas Wichtiges vermitteln möchtest, dann sage ihnen zuerst, was du ihnen sagen wirst. Dann sage es ihnen in einer bildhaften Sprache. Danach erzähle den Menschen am besten noch einmal, was du ihnen gesagt hast."

Zur Absicherung einer Botschaft empfehlen sich also Wiederholungen. Das können Wiederholungen des bereits Gesagten noch im Telefonat selbst sein. Oder Sie schicken Ihrem Gesprächspartner anschließend eine Mail mit einigen Zusatzinformationen. Sie können aber auch versuchen, Ihren Gesprächspartner dazu zu motivieren, sich wichtige Punkte gleich aufzuschreiben: „Dann notieren wir uns doch am besten gleich beide den Termin mit dem Stichwort *Kundengala*, Herr Wehlinger."

Zum Schluss

Wer wirklich an Gemeinsamkeiten und der Gefühlswelt anderer Menschen interessiert ist, der hat in jedem Telefonat viele Chancen, seine Menschenkenntnis zu erweitern und noch erfolgreicher zu kommunizieren. Telefonieren Sie auf gleicher Augenhöhe, mit Freude und Neugier. Oft macht es schon einen großen Unterschied, vom vielen Reden auf einen wirklichen Dialog umzusteigen. Also: Weg vom Telefonreferat – hin zu einem guten Telefongespräch.

Menschen entscheiden sich für etwas, von dem sie selbst überzeugt sind. Und die für diesen Entscheidungsprozess nötigen Informationen und Impulse anzubieten, das ist unsere Aufgabe, ob geschäftlich oder privat.

Ich wünsche Ihnen viel Freude und jede Menge Erfolg mit jedem neuen Telefonat.

Viele Grüße

Ihr *Roland Arndt*
www.roland-arndt.de

Gratis-Zusatz-Angebot von Roland Arndt:

Für die Leser dieses Buches gibt es die Möglichkeit einer Gratis-Teilnahme an einer Telefon-Konferenz zu diesem Thema. Sie können sich ganz einfach per E-Mail dazu anmelden. Wir schicken Ihnen gern die nächsten Terminmöglichkeiten zu.

Schicken Sie einfach eine Mail mit dem Stichwort „Buch-Telefon-Konferenz“ an erfolg@roland-arndt.de.

Zur Einstimmung darauf ein paar Fragen:

1. Was waren für mich die wichtigsten Punkte in diesem Buch?
2. Was werde ich konkret und konsequent umsetzten?
3. Welche Ziele möchte ich dadurch mit dem Telefon erreichen?
4. Welche weiterführenden Fragen sind bei mir entstanden?
5. Was habe ich mir vorgenommen, ab sofort zu verstärken?

Literatur-Empfehlungen

Arndt, Roland (2007): *Schön, dass Sie anrufen,* H.P. Marketing.
Arndt, Roland (2011): *Workbook Menschen gewinnen per Telefon.* Walhalla,
Enkelmann, Nikolaus B. (2010): *Erst dein Traum macht Dich groß,* Gabal.
Enkelmann, Nikolaus B. (2011): *Die Säulen des Erfolgs,* Gabal.
Etrillard, Stéphane (2006): *Prinzip Souveränität,* Junfermann.
Etrillard, Stéphane (2010): *Charisma,* Junfermann.
Käßmann, Margot (2011): *Sehnsucht nach Leben,* adeo.
Seiwert, Lothar J. (2010): *Symplify your time,* Campus.